高等职业教育机电一体化技术专业系列教材
国家骨干高职院校建设项目成果

电气控制线路设计、安装与调试项目教程

主　编　颜玉玲　黄应强　谢　刚
副主编　王　赛　张　强　廖建文
参　编　王　瑞　刘桂林　赖　华　周桃文
主　审　陈旭辉

机 械 工 业 出 版 社

本书按照高素质技能型人才培养要求，在内容上将理论与实践相结合，项目由浅入深设计，设置了读图、安装、调试、故障分析与检修等典型工作环节进行学习。全书包含 5 个大项目和 13 个子项目，其内容包括送料小车控制系统的设计、安装与调试，水泵运行系统的设计、安装与调试，升降机控制系统的设计、安装与调试，典型机床控制系统的检修和简单电梯控制电路的设计、安装与调试等内容。

本书适用于高职高专院校的电气自动化、机电一体化等相关专业，也可作为成人教育及相关行业专业技术人员的职业技能培训教材。

为方便教学，本书有电子课件、巩固与提高答案、模拟试卷及答案等，凡选用本书作为授课教材的老师，均可通过电话（010-88379564）或 QQ（3045474130）索取，有任何技术问题也可通过以上方式联系。

图书在版编目（CIP）数据

电气控制线路设计、安装与调试项目教程/颜玉玲，黄应强，谢刚主编 . —北京：机械工业出版社，2015.9（2025.1 重印）

高等职业教育机电一体化技术专业系列教材 . 国家骨干高职院校建设项目成果

ISBN 978-7-111-51503-6

Ⅰ . ①电⋯ Ⅱ . ①颜⋯ ②黄⋯ ③谢⋯ Ⅲ . ①电气控制-控制电路-电路设计-高等职业教育-教材 ②电气控制-控制电路-安装-高等职业教育-教材 ③电气控制-控制电路-调试方法-高等职业教育-教材 Ⅳ . ①TM571.2

中国版本图书馆 CIP 数据核字（2015）第 206452 号

机械工业出版社（北京市百万庄大街 22 号　邮政编码 100037）
策划编辑：曲世海　责任编辑：曲世海　高亚云
责任校对：张晓蓉　封面设计：鞠　杨
责任印制：郜　敏
北京富资园科技发展有限公司印刷
2025 年 1 月第 1 版第 5 次印刷
184mm×260mm · 14 印张 · 335 千字
标准书号：ISBN 978-7-111-51503-6
定价：45.00 元

电话服务　　　　　　　网络服务
客服电话：010-88361066　机 工 官 网：www.cmpbook.com
　　　　　010-88379833　机 工 官 博：weibo.com/cmp1952
　　　　　010-68326294　金 书 网：www.golden-book.com
封底无防伪标均为盗版　机工教育服务网：www.cmpedu.com

高等职业教育机电一体化技术专业系列教材
编 委 会

前　　言

　　本书从职业岗位需求入手，使学习者掌握低压电器控制系统安装、调试、维修、维护等相关岗位所需要的理论知识、工艺方法和职业规范，使之能够胜任低压电器设备控制电路中电器元件选择、电路安装调试、控制柜维修等工作。通过学习，学习者能够掌握电气控制系统的基础知识和基本方法，为后续专业课程的学习打下坚实基础。

　　本书在内容安排上，以应用为目的，采用项目化教学方法，重点培养学习者的基础知识、基础技能和基本方法。全书包含5个大项目，项目一为送料小车控制系统的设计、安装与调试；项目二为水泵运行系统的设计、安装与调试；项目三为升降机控制系统的设计、安装与调试；项目四为典型机床控制系统的检修；项目五为简单电梯控制电路的设计、安装与调试。每个项目以完成实际工作任务为目标，要求学生在熟悉低压电器的基本结构、工作原理、技术参数、选择方法和安装要求的基础上，掌握低压电器控制电路的接线原则和检查方法，具备低压电器控制电路的设计和独立分析的能力。考虑到高职学生接受知识的特点，本书避免枯燥的长篇理论，将常见的知识、操作技能（如兆欧表的使用、电动机同名端的测定、开关电器的知识、电气原理图的绘制）等内容分散到了每个子项目中，同时在项目中穿插了学习案例，打造实用和轻松的学习环境，提高学生学习的兴趣，并增加趣味性和提高互动效果。同时针对每个项目的主要内容进行了知识点和技能点的扩展，如项目一介绍了兆欧表的使用，对不同的测量情况进行了说明，同时对组合开关、接触器的拆装进行了技能练习；项目三介绍了直流电动机的组成、励磁方式和控制方式；项目五介绍了触电防护知识，对 TN 系统不同的形式和连接方法进行学习，同时还需要学生独立补充完成相应的电路设计、配电箱的设计等，能够更好地体现学生的综合能力。

　　本书由颜玉玲、黄应强、谢刚担任主编，由王赛、张强、廖建文担任副主编，王瑞、刘桂林、赖华、周桃文参加编写。其中项目一由黄应强、王赛、颜玉玲、谢刚编写，项目二、三由颜玉玲、王赛、王瑞、周桃文编写，项目四由谢刚、赖华、刘桂林编写，项目五由颜玉玲、张强、廖建文编写。全书由颜玉玲负责统稿，同时由西门子（中国）有限公司成都分公司陈旭辉主审。在本书编写过程中，西门子（中国）有限公司成都分公司、重庆啤酒集团宜宾有限责任公司等企业技术人员提供了许多宝贵的工程技术资料，在此表示衷心的感谢。本书在编写过程中，参考了相关著作和资料，在此向这些参考文献的作者表示谢意。

　　限于编者水平，书中错漏及不妥之处，恳请广大读者批评指正。

编　者

目　　录

项目一 送料小车控制系统的设计、安装与调试

子项目 1–1 送料小车单向运行控制

【任务描述】

在工业生产中，如发电厂的给煤系统或是生产线的传送带，常看见有小车载有物体自动地在车间穿行。送料小车的运行方式较多，如单方向左右运行或上下运行，这是电气控制中最常见的运行方式。类似的动作控制常出现在行车、起吊系统、带式传送或其他自动化生产线中，如图 1-1-1 所示。

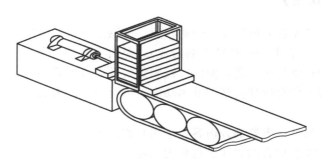

图 1-1-1　传送带单向运行

送料小车单向运行的电气控制系统中，常采用电动机和接触器配合以控制送料小车的运行。如图 1-1-2 所示，当按下起动按钮后，接触器线圈得电，使控制送料小车运行的三相异步电动机得电，送料小车开始单向移动，自动从 A 地开往 B 地，按下停止按钮时，接触器断电，其主触点断开，使控制送料小车运行的三相异步电动机断电，送料小车停止移动。

图 1-1-2　送料小车单向运行示意图

1

【任务目标】

知识目标：

1. 了解安全用电知识；
2. 了解三相异步电动机的基本结构组成；
3. 掌握电工基本操作，如电工工具使用、导线选择、导线连接、电工仪表使用；
4. 掌握常用低压电器的符号绘制；
5. 理解送料小车单向运行控制电路的电气原理图；
6. 理解点动和长动的含义；
7. 理解电动机点动、长动电气原理图；
8. 理解三相异步电动机的工作原理和接线方式。

能力目标：

1. 能进行三相异步电动机的接法和同名端的判别；
2. 能判断常用电器元件的好坏，并能够初步识别电气原理图；
3. 能够读懂送料小车单向运行的电气原理图，并按照工艺要求进行导线的连接；
4. 能够顺利进行送料小车单向运行控制电路的调试和排除故障；
5. 能够与相关人员进行交流，并解决接线和检测遇到的问题。

【完成任务的计划决策】

送料小车的运行控制在发电行业、煤矿行业、啤酒生产行业中比较常见，在其他的自动化控制系统生产线也有应用（如 PLC 控制行业），是自动化控制系统电气控制部分的基础，虽然现在自动化控制程度越来越高，但电气控制仍是必不可少的部分，本项目结合电气控制所要用到的基本电器元件和所要实现的基本功能，进行控制方案的确定，并进行相应的安装调试。

本项目为初次接触低压电器部分内容，采用基础讲解和原理图的识读及电气原理图的安装结合、理论和动手操作结合的方式进行相关的设计。

【实施过程】

一、送料小车单向运行控制方式分析

送料小车单向运行的实现方式比较多，可以点动运行，也可以连续运行（长动运行）。

（一）送料小车的单向点动运行控制

在某些时候，小车不能准确定位或者是希望能够全程完全手动控制小车，这时常采用点动的方式进行控制。

点动就是当按下起动按钮时，电动机得电，送料小车运行；当松开起动按钮时，电动机失电，送料小车停止运行。

（二）送料小车的单向连续运行控制

送料小车的连续运行是指当按下起动按钮或合上刀开关后，电动机就连续得电，带

动送料小车单向运行，必须按下停止按钮或断开刀开关，电动机才失电，送料小车停止运行。

二、送料小车单向运行的主电路设计

因为送料小车内一般会载运一定重量的物体，靠人工拖动比较吃力和费时，通常采用电动机拖动，同时要采用合适的电器开关控制其运行和停止，确保人员的安全和避免劳动力的浪费。

学习案例：送料小车的单向点动运行控制。

图 1-1-3a 所示为用负荷开关控制电动机的起停，当闭合开关时，三相电源接通，三相异步电动机得电；断开开关，三相异步电动机断电。该方式仅适合容量小于 10kW 且短暂运行的笼型电动机。图 1-1-3b 所示为用组合开关和接触器共同控制电动机的起停。

图 1-1-3a、b 皆可通过给三相异步电动机通以固定三相电流实现电动机的单向运行。在实际应用中，应根据电动机容量的大小选择不同的起动方式，若是长期连续运行的三相异步电动机，建议采用组合开关和接触器共同控制三相异步电动机运行的主电路。

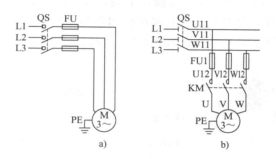

图 1-1-3　送料小车的单向点动运行方式

电动机如果连续运行，起动时对电动机的冲击较大，且若工作时间过长，应考虑电动机对电网和线路的影响，在选用电动机时应考虑以下内容。

直接起动时起动电流为电动机额定电流的 4～7 倍，过高电压会造成电网电压明显下降，直接影响同一电网其他负载的正常工作，所以直接起动的电动机的容量受到限制。可根据电动机的起动频繁程度、供电变压器的容量大小来决定直接起动电动机的容量。

起动频繁，允许直接起动的电动机容量不应大于供电变压器容量的 20%；不经常起动，允许直接起动的电动机的容量不应大于供电变压器容量的 30%。

一般容量小于 10kW 的笼型电动机可直接起动。

知识点学习 1：开关电器

开关电器广泛用于配电系统，用作电源开关，起隔离电源、保护电气设备和控制的作用。刀开关是一种手动开关电器，在低压电路中，作为不频繁地手动接通、断开电路的开关和电源隔离开关使用，可直接控制小容量电动机，也可用来隔离电源，确保检修安全。

刀开关分类：

1）刀开关可以分为单极、双极和三极三种，普通刀开关图形符号如图 1-1-4 所示。

2）刀开关可分为单方向投掷的单投开关和双方向投掷的双投开关。

3）刀开关可分为带灭弧罩的刀开关和不带灭弧罩的刀开关。

a) 单极   b) 双极   c) 三极

图 1-1-4 普通刀开关图形符号

1. 开启式刀开关

它又称胶盖瓷底开关，型号 HK。刀开关主要由手柄、触刀、静插座和绝缘底座组成，主要用作电气照明电路和电热电路的控制开关。

特点：比普通刀开关增设了熔丝和防护外壳胶盖，开关内部装设了熔丝，可以实现短路保护，由于有防护外壳胶盖，在分断电路时产生的电弧不致飞出，同时防止极间飞弧造成相间短路。

开启式刀开关在安装时，应将电源线接在上端，负载线接在下端，手柄向上推为合闸，不得倒装或平装，避免由于重力下落引起误动作和合闸，开启式刀开关的结构、HRTO 熔断式刀开关外形、电路符号和型号规格如图 1-1-5 所示。

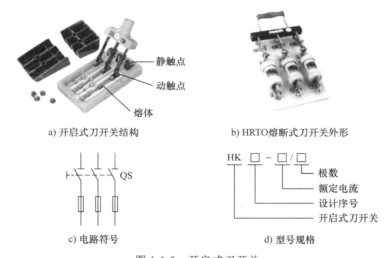

a) 开启式刀开关结构   b) HRTO熔断式刀开关外形

c) 电路符号   d) 型号规格

图 1-1-5 开启式刀开关

不带灭弧罩的刀开关可以通断电流为 $0.3I_N$（I_N 为额定电流），带灭弧罩的刀开关可以通断电流为 I_N，但都不能用于频繁地接通和断开电路。同时选择刀开关时应注意使刀开关额定电压等于或大于电路的额定电压，其额定电流大于或等于线路的额定电流，用刀开关控制电动机时，其额定电流要大于电动机额定电流的 3 倍。

2. 封闭式负荷开关

封闭式负荷开关由带灭弧罩的刀开关和熔断器组合而成，既可带负荷通断电路，又可实现短路保护，一般用于小容量交流异步电动机的控制，其外形、内部结构、电路符号和型号规格如图 1-1-6 所示。

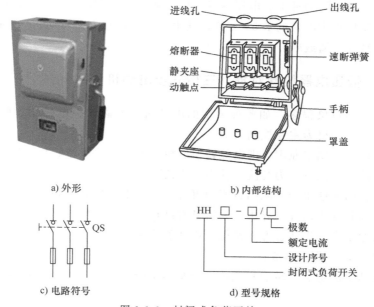

a) 外形   b) 内部结构

c) 电路符号   d) 型号规格

图 1-1-6 封闭式负荷开关

3. 组合开关

组合开关又称转换开关，实质上为刀开关。它常用在机床的控制电路中，作为电源的引入开关，也可作为小容量电动机（5kW 以下）的直接起动、反转、调速和停止的控制开关等。

组合开关是一种多触点、多位置、可以控制多个回路的电器。每小时通断的换接次数不宜超过 20 次。HZ10 系列组合开关的外形、结构、电路符号和型号规格如图 1-1-7 所示。动触片安装在手柄的绝缘方轴上，方轴随手柄旋转，于是动触片随方轴转动来改变位置实现与静触片的分、合。

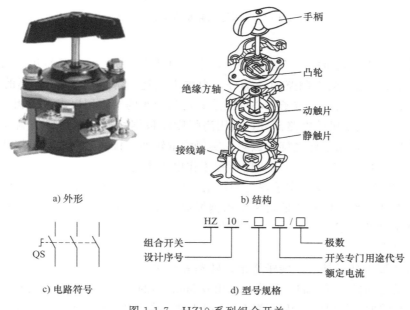

a) 外形   b) 结构

c) 电路符号   d) 型号规格

图 1-1-7 HZ10 系列组合开关

组合开关应根据电源的种类、电压等级、所需触点数及电动机的容量选用，组合开关的额定电流应取电动机额定电流的 1.5～2 倍，其手柄能沿任意方向转动 90°，并带动三个动触片分别和三个静触片接通或断开。

知识点学习 2：低压电器控制对象（三相异步电动机）

低压电器的控制对象很多，如各种类型的电动机、电磁铁、电磁阀、照明灯和指示灯等，其中三相异步电动机为主要控制对象。

电动机是利用电磁感应原理，把电能转换成机械能，输出机械转矩的原动机。电动机根据所使用的电流性质不同可分为交流电动机和直流电动机两大类。

交流电动机根据所使用的电源相数不同可分为单相电动机和三相电动机两种，其中三相电动机又分为同步和异步两种。异步电动机具有结构简单、工作可靠、使用和维修方便等优点，因此在工农业生产和生活各方面都得到广泛的应用。

1. 三相异步电动机的基本结构

三相异步电动机由定子、转子和气隙三个基本部分组成，三相笼型异步电动机的结构如图 1-1-8 所示。

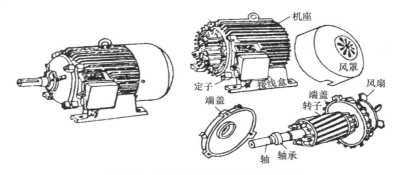

图 1-1-8　三相笼型异步电动机的结构

（1）定子部分

定子部分是异步电动机静止不动的部分，主要包括定子铁心、定子绕组、机座和端盖。

1）定子铁心：电动机主磁路的一部分，为减小铁耗，常采用 0.5mm 厚的两面涂有绝缘漆的硅钢片冲片叠压而成。定子铁心内圆上有均匀分布的槽，用以嵌放三相定子绕组。

2）定子绕组：电动机的电路部分，常用高强度漆包铜线按一定规律绕制成线圈，均匀地嵌入定子内圆槽内，用以建立旋转磁场，实现能量转换。接线盒内的六个接线柱的接法如图 1-1-9 所示，具体选用应根据电动机的额定工作电压决定。

3）机座：用于固定和支撑定子铁心和端盖，因此机座应有较好的机械强度和刚度，常用铸铁或铸钢制成。大型电动机的机座常用钢板焊接而成。小型封闭式异步电动机表面有散热筋片，以增加散热面积。

（2）转子部分

转子部分主要由转子铁心、转子绕组、转轴等组成。

转子铁心是电动机主磁路的一部分，采用 0.5mm 厚的硅钢片冲片叠压而成，转子铁心外圆上有均匀分布的槽，用以嵌放转子绕组。一般小型异步电动机转子铁心直接压装在转轴上。

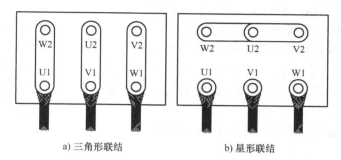

a) 三角形联结　　　　　　　　b) 星形联结

图 1-1-9　接线盒内接线

转子绕组是转子的电路部分，用以产生转子电动势和转矩。根据转子绕组的结构类型，异步电动机可分为笼型异步电动机和绕线转子异步电动机两种。

1）笼型异步电动机：笼型异步电动机的转子绕组是在转子铁心每个槽内插入等长的裸铜导条，两端分别用铜制短路环焊接成一个整体，形成一个闭合的多相对称回路。大型异步电动机采用铜条绕组。中小型异步电动机常采用铸铝，将导条、端环同时一次浇注成形。

2）绕线转子异步电动机：绕线转子异步电动机的转子绕组和定子绕组相似，三相绕组为星形联结，三根端线连接到装在转轴上的三个铜集电环上，通过一组电刷与外电路连接。绕线转子异步电动机因其起动力矩较大，一般用于重载负荷，请同学们自行查阅资料分析其应用。

2. 三相异步电动机的工作原理及转差率

（1）三相异步电动机的工作原理

当向定子对称三相绕组 U1—U2、V1—V2、W1—W2 通入对称的三相交流电时，就产生一个以同步转速 n_1 沿顺时针方向旋转的磁场，如图 1-1-10 所示。

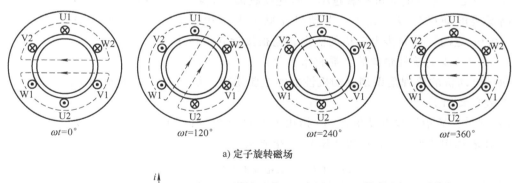

a) 定子旋转磁场

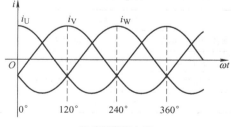

b) 定子绕组电流

图 1-1-10　三相异步电动机定子旋转磁场方向与定子绕组电流关系

转子导体将切割旋转磁场而产生感应电动势，因转子绕组自身闭合，转子绕组内便产生感应电流。

转子导体在旋转磁场中要受到电磁力的作用，电磁力的方向可用左手定则判断。电磁力对转轴形成电磁转矩，由图 1-1-11 可以看出，电磁转矩将拖着转子顺着旋转磁场的方向旋转。

三相笼型异步电动机的同步转速（r/min）为

$$n_1 = 60f/p \qquad (1\text{-}1)$$

式中，f 为定子绕组电流频率（Hz）；p 为定子绕组磁极对数。

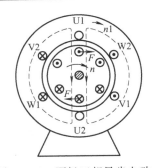

图 1-1-11　两极三相异步电动机转子旋转方向

异步电动机的转速 n 恒小于同步转速 n_1，只有这样，转子绕组才能切割旋转磁场产生感应电动势和感应电流，进一步产生电磁转矩使电动机旋转。可见，$n < n_1$ 是异步电动机工作的必要条件。由于电动机转速 n 与同步转速 n_1 不同，故称为异步电动机。又由于异步电动机的转子绕组并不直接与电源相接，而是依靠电磁感应原理来产生感应电动势和感应电流，从而产生电磁转矩使电动机旋转，因此又称为感应电动机。

（2）三相异步电动机的转差率

同步转速 n_1 和电动机转速 n 之差（$n_1 - n$）与同步转速 n_1 的比值称为转差率 s，即

$$s = \frac{n_1 - n}{n_1} \qquad (1\text{-}2)$$

转差率 s 是异步电动机的重要参数。当异步电动机转速在 $0 \sim n_1$ 范围内变化时，其转差率 s 在 $1 \sim 0$ 范围内变化。电动机起动瞬间（转子尚未转动），$n=0$，此时 $s=1$；当电动机空载运行时，转速 n 很高，$n \approx n_1$，此时 $s \approx 0$。异步电动机负载越大，转速就越低，其转差率就越大；反之，异步电动机负载越小，转速就越高，其转差率就越小。故转差率直接反映转速的高低或电动机负载的大小，电动机在额定工作状态下运行时，转差率的值很小，在 $0.01 \sim 0.06$ 之间，即异步电动机的额定转速很接近同步转速。

3．三相异步电动机铭牌的主要技术参数

通常电动机的铭牌是识别电动机性能的主要途径。某三相异步电动机的铭牌见表 1-1-1，其各参数含义如下。

1）型号：Y 指异步电动机，200 指中心高度（单位：mm），L 指机座类别（L 表示长机座、M 表示中机座、S 表示短机座），4 指磁极数。

表 1-1-1　某三相异步电动机的铭牌

三相异步电动机			
型号 Y2 - 200L - 4	额定功率 30kW	额定电流 57.63A	额定电压 380V
额定频率 50Hz	接法 △	额定转速 1470r/min	LW79dB/A
防护等级 IP54	工作制 S1	F 级绝缘	质量 270kg
×××电机厂			

2）额定功率（P_N）：指电动机在额定运行状态下运行时电动机轴上输出的机械功率，单位为 W 或 kW。

3）额定电压（U_{N1}）：指电动机在额定运行状态下运行时定子绕组所加的线电压，单位为 V 或 kV。

4）额定电流（I_{N1}）：指电动机加额定电压、输出额定功率时，流入定子绕组中的线电流，单位为 A。

5）额定转速（n_N）：指电动机在额定运行状态下运行时转子的转速，单位为 r/min。

6）额定频率（f_N）：规定为工频 50Hz。

7）额定功率因数（$\cos\phi$）：指电动机在额定运行状态下运行时定子侧的功率因数。没有补偿的情况下，统一为 0.85。

8）接法：指电动机定子三相绕组与交流电源的连接方法。

9）防护等级：指电动机外壳防护的类型。

知识点学习 3：低压电器中接触器的主触点

对电能的生产、输送、分配和使用起控制、调节、检测、转换及保护作用的电工器械均可称为电器。

低压电器是指工作在交流 1200V、直流 1500V 及以下电压等级的电路中，实现电路中信号检测、执行部件控制、电路保护、信号变换等作用的电器。低压电器可按照用途、动作方式、执行机构进行分类，如图 1-1-12 所示。

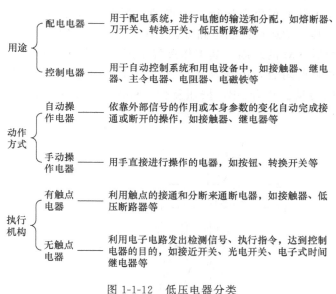

图 1-1-12　低压电器分类

接触器是一种通用性很强的电磁式电器，它可以频繁地接通和分断交、直流主电路，并可实现远距离控制，主要用来控制电动机，也可控制电容器、电阻炉和照明器具等电力负载。

接触器的文字符号是 KM，图形符号如图 1-1-13 所示。

接触器也可按主触点通过电流种类进行分类，如图 1-1-14 所示，按其主触点的极数（主触点的对数）还可分为单极、双极、三极、四极和五极等多种。交流接触器的主触点通

图 1-1-13　接触器图形符号

常是三极，直流接触器为双极。

　　接触器的主触点一般置于灭弧罩内，有一种真空接触器则是将主触点置于密闭的真空泡中，它具有分断能力高、寿命长、操作频率高、体积小及重量轻等优点。

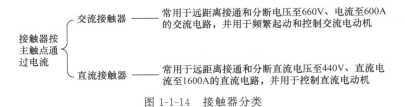

图 1-1-14　接触器分类

三、送料小车单向运行的控制电路设计

（一）送料小车单向点动运行控制电路

　　根据前面分析，送料小车单向运行分为点动运行和连续运行，可以分别采用不同的控制方式进行控制，其点动运行控制电路如图 1-1-15 所示。图中用一自复位按钮 SB 的常开触点控制交流接触器 KM 的线圈。其工作过程是闭合组合开关 QS，当按下 SB 时，KM线圈得电，KM 的主触点闭合，电流从 L1、L2、L3 流向电动机的 U 相、V 相、W 相，三相异步电动机开始转动。松开 SB，按钮复位，KM 线圈断电，KM 主触点断开，电动机 M 失电。

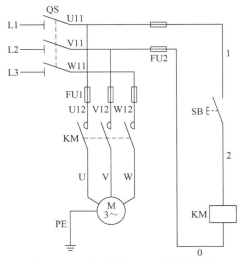

图 1-1-15　接触器点动运行控制电路

知识点学习4：控制按钮

控制按钮是一种低压控制电器，同时也是一种低压主令电器。控制按钮除常开触点或常闭触点外，还有兼具常开和常闭触点的复式按钮，其触点对数有1常开1常闭、2常开2常闭以至6常开6常闭。对复式按钮来说，按下按钮时，它的常闭触点先断开，经过一个很短时间后，它的常开触点再闭合。有些控制按钮内装有信号灯，除用于操作控制外，还可兼作信号指示。

1. 控制按钮的组成与结构形式

控制按钮一般由按钮帽、复位弹簧、触点和外壳等部分组成。图1-1-16为控制按钮的外形和结构，图1-1-17为控制按钮的图形及文字符号。

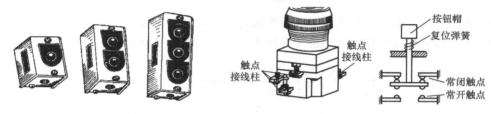

a) LA10系列按钮　　　　　　　b) LA20系列按钮

图1-1-16　控制按钮的外形和结构

控制按钮可以做成很多形式以满足不同的控制或操作的需要，结构形式有：钥匙式，按钮上带有钥匙以防误操作；旋钮式（又叫钮子开关），用手柄旋转操作；紧急式，带蘑菇形钮头，突出于外，常用于急停，一般采用红色；掀钮式，用手掀钮操作；保护式，能防止不小心触及带电部分。控制按钮的颜色可为红、黄、蓝、白、绿、黑等，操作人员可根据控制按钮的颜色进行辨别和操作。

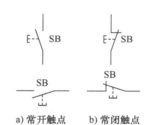

a) 常开触点　　b) 常闭触点

图1-1-17　控制按钮图形及文字符号

2. 控制按钮的主要技术参数及常用型号

控制按钮的型号意义：

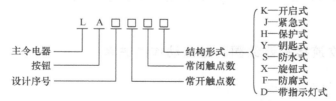

控制按钮的主要技术参数有额定电压、额定电流、结构形式、触点数及按钮的颜色等。一般常用的控制按钮额定电压为交流380V，额定电流为5A。

常用的控制按钮有LA10、LA18、LA19、LA20、LA25等。

3. 控制按钮的使用

1）应根据所需的触点数、使用的场所及颜色来确定控制按钮。常用的LA18、LA19、

LA20 系列控制按钮适用于额定电压为 AC 500V、DC 440V，额定电流为 5A，控制功率为 AC 300W、DC 70W 的控制回路中。

2）颜色要求。

①"停止"和"急停"按钮必须是红色。当按下红色按钮时，必须使设备停止工作或断电。

②"起动"按钮的颜色是绿色。

③"起动"与"停止"交替动作的按钮必须是黑色、白色或灰色，不得用红色和绿色。

④"点动"按钮必须是黑色。

⑤"复位"按钮（如保护继电器的复位按钮）必须是蓝色。当复位按钮还有停止的作用时，必须是红色。

（二）送料小车单向连续运行控制电路

单向连续运行，即代表着在按下起动按钮后，电动机会连续不停地旋转，小车朝一个方向移动，直到按下停止按钮，电动机才会停止，其控制电路如图 1-1-18 所示。

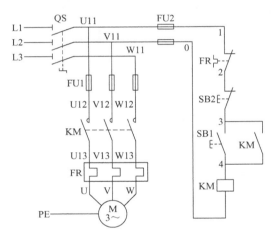

图 1-1-18　送料小车单向连续运行控制电路

其特点是在起动按钮处并联一个接触器的辅助常开触点，工作过程是合上 QS，按下 SB1，KM 线圈得电，同时，KM 的主触点和辅助常开触点都得电，电动机连续运转，松开 SB1，KM 线圈仍保持，必须按下 SB2，KM 线圈才断电，主触点和辅助常开触点断开，电动机失电。

知识点学习 5：交流接触器线圈和触点动作的关系

1. 交流接触器的工作原理

交流接触器主要由电磁机构、触点系统、灭弧装置、绝缘外壳及附件等组成。

（1）电磁机构

电磁机构的主要作用是将电磁能量转换成机械能量，带动触点动作，完成通断电路的控制作用。电磁机构由铁心（静铁心）、衔铁（动铁心）和线圈等几部分组成。根据衔铁的运动方式不同，可以分为转动式和直动式。

交流接触器的铁心一般采用 E 形直动式电磁机构，如 CJ0、CJ10 系列，也有的采用衔铁绕轴转动的转动式，如 CJ12、CJ12B 系列，电磁动作如图 1-1-19 所示。为了减少剩磁，保证断电后衔铁可靠地释放，E 形铁心中柱较短，铁心与衔铁吸合后，上下中柱间形成 0.1～0.2mm 的气隙。交流接触器的线圈中通过交流电，产生交变的磁通，并在铁心中产生磁滞损耗和涡流损耗，使铁心发热。

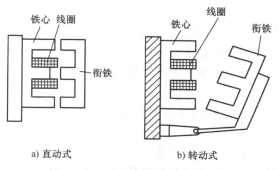

a) 直动式　　b) 转动式

图 1-1-19　交流接触器的电磁动作

为了减少交变的磁场在铁心中产生的磁滞损耗和涡流损耗，交流接触器的铁心一般用硅钢片叠压而成；线圈由绝缘的铜线绕成有骨架的短而粗的形状，将线圈与铁心隔开，便于散热。交流接触器的线圈中通过交流电，产生交变的磁通，其产生的电磁吸力在最大值和零之间脉动。因此当电磁吸力大于弹簧反作用力时衔铁被吸合，当电磁吸力小于弹簧反作用力时衔铁开始释放，这样便产生振动和噪声。为了消除振动和噪声，在交流接触器的铁心端面上装入一个铜制的短路环，如图 1-1-20 所示。

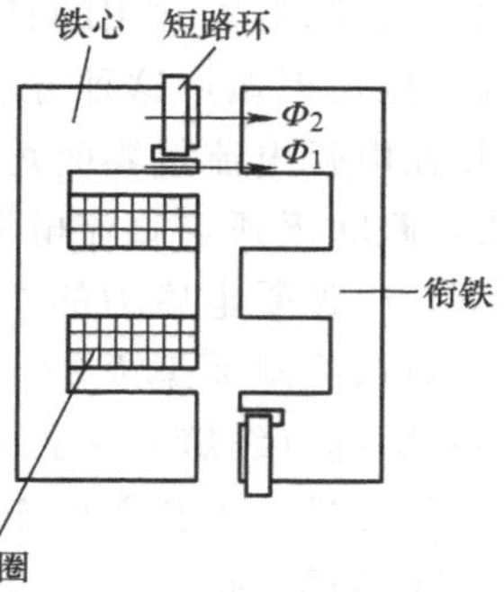

图 1-1-20　接触器短路环

（2）触点系统

触点分类如图 1-1-21 所示。触点又可分为常开触点和常闭触点。其中常开触点（又叫动合触点）是指电器设备在未通电或未受外力时的常态下，触点处于断开状态。常闭触点（又叫动断触点）是指电器设备在未通电或未受外力时的常态下，触点处于闭合状态。

- 触点
  - 主触点 —— 用于通断电流较大的主电路，由接触面积较大的常开触点组成，一般有三对
  - 辅助触点 —— 用以通断电流较小的控制电路
    - 辅助常开触点
    - 辅助常闭触点

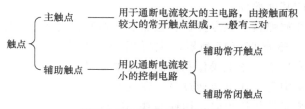

图 1-1-21　接触器触点分类

触点的结构有桥式和指式两类。交流接触器一般采用双断口桥式触点，触点动作状态如图 1-1-22 所示。

触点一般采用导电性能良好的纯铜材料构成，因铜的表面容易氧化生成一层不易导电的

a) 完全分开位置　　　b) 刚接触位置　　　c) 完全闭合位置

图 1-1-22　交流接触器触点动作状态

氧化铜，所以在触点表面嵌有银片，氧化后的银片仍有良好的导电性能。

指式触点在接通与分断时动触点沿静触点产生滚动摩擦，可以去掉氧化膜，故可以用纯铜制造，特别适合于触点分合次数多、电流大的场合。

（3）灭弧装置

主触点额定电流在 10A 以上的接触器都有灭弧装置，作用是减小和消除触点电弧，确保操作安全。

电弧有直流电弧和交流电弧两类，交流电流有自然过零点，故其电弧较易熄灭。熄灭电弧的主要措施有：迅速增加电弧长度（拉长电弧），使得单位长度内维持电弧燃烧的电场强度不足而使电弧熄灭；使电弧与流体介质或固体介质相接触，加强冷却和去游离作用，使电弧加快熄灭。

低压控制电器常用的具体灭弧方法有：

1）拉长灭弧：这种方法多用于开关电器中。通过机械装置或电动力的作用将电弧迅速拉长并在电弧电流过零时熄灭。

2）磁吹灭弧：直流电器中常采用磁吹灭弧。在一个与触点串联的磁吹线圈产生的磁场作用下，电弧受电磁力的作用而拉长，被吹入由固体介质构成的灭弧罩内，与固体介质相接触，电弧被冷却而熄灭。

3）窄缝（纵缝）灭弧：多用于交流接触器中。在电弧所形成的磁场电动力的作用下，电弧拉长并进入灭弧罩的窄（纵）缝中，几条纵缝可将电弧分割成数段且与固体介质相接触，电弧便迅速熄灭。

4）栅片灭弧：应用在交流场合比直流场合灭弧效果强得多，所以交流电器常常采用栅片灭弧。

注意：对于小容量的交流接触器，常采用双断口桥式触点，采用电动力作用进行灭弧，在主触点上装有灭弧罩。对于容量较大（20A 以上）的交流接触器，一般采用灭弧栅灭弧。

（4）交流接触器的其他部件

交流接触器还由释放弹簧、触点弹簧、触点压力弹簧、支架及底座等组成。

除交流接触器外，还有直流接触器，主要用于控制直流电压至 440V、直流电流至 1600A 的直流电路，常用于频繁地操作和控制直流电动机。

工作原理：当线圈中有工作电流通过时，在铁心中产生磁通，由此产生对衔铁的电磁吸力。当电磁吸力克服弹簧反作用力时，衔铁与铁心吸合，同时衔铁通过传动机构带动相应的触点动作。当线圈断电或电压显著降低时，电磁吸力消失或降低，衔铁在弹簧反作用力的作用下返回，并带动触点恢复到原来的状态。

2. 自锁的含义

自锁是指用自身的辅助常开触点使自身的线圈保持得电（参见图 1-1-18）。

四、送料小车单向运行电气控制电路的安装

在进行电气控制电路安装前，应列出相应的电器元件明细表，画出电器元件布置图和安装接线图等，再进行电路的安装、运行与调试，下面以送料小车的单向连续运行控制电路为例进行介绍，其电气原理图如图 1-1-18 所示。

（一）电器元件明细表

电器元件明细表详见表 1-1-2。

表 1-1-2　电器元件明细表

符　号	名　　称	型号及规格	数　量	用　途	备　注
M	三相交流异步电动机	Y112M-2 380V 0.75kW	1		
SB1	起动按钮	LA4-3H	1	起动电动机	
SB2	停止按钮	LA4-3H	1	停止电动机	
FU1	主电路熔断器	RL1-60/20	3	主电路短路保护	
FU2	控制电路熔断器	RL1-15/2	2	控制电路短路保护	
KM	交流接触器	CJ10-20	1	控制电动机及欠电压、失电压保护	
QS	组合开关	HZ10-25/3	1	电源的引入或分断	
	绝缘导线	BV1.5mm²		主电路接线	
	绝缘导线	BVR0.75mm²		控制电路接线	
	木质板	400mm×600mm		安装电路	
	木螺钉		适量	紧固作用	
XT	端子排	TB-1512	1	连接	
XT	端子排	TB-2512L	1	连接	

（二）所需工具器材

所需工具器材有各类常用电工工具（螺钉旋具、钳子、验电笔、剥线钳等）、万用表、电器安装底板、端子排、BV1.5 mm² 和 BVR0.75mm² 绝缘导线、熔断器、交流接触器、热继电器、组合开关、按钮、三相交流异步电动机 1 台等。

知识点学习 6：常用电工工具和电工材料

1. 验电笔

（1）验电笔的结构

维修电工使用的低压验电笔又称测电笔（简称电笔）。验电笔有螺钉旋具式和钢笔式两种，它们由氖管、电阻、弹簧和笔身等组成，如图 1-1-23 所示。

（2）验电笔的使用及用途

使用验电笔时将探头触及被测物体，以手指触及笔尾的金属体，使氖管小窗背光朝自己，以便于观察，如氖管发亮则说明设备带电。氖管越亮则电压越高，氖管越暗则电压越低。另外，验电笔还有如下几个用途：

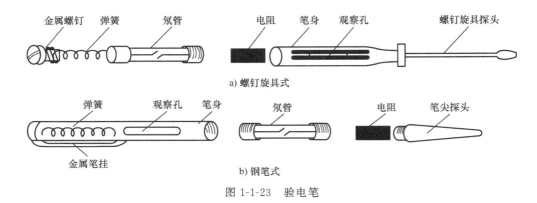

a) 螺钉旋具式

b) 钢笔式

图 1-1-23　验电笔

1）在 220V/380V 三相四线制系统中，可检查系统故障或三相负荷不平衡。不管是相间短路、单相接地、相线断线、三相负荷不平衡，中性线上均出现电压，中性线对地电压很低（几伏至十几伏），验电笔氖管不会亮，但若此时中性线断开，则验电笔氖管亮，则证明系统故障或三相负荷严重不平衡。

2）检查相线接地。在三相三线制系统（丫联结）中，用验电笔分别触及三相时，发现两相较亮，一相较暗，表明氖管暗的一相有接地现象。

3）检查设备外壳漏电。当电气设备的外壳（如电动机、变压器）有漏电现象时，则验电笔氖管发亮；如果外壳是接地的，氖管发亮则表明接地保护断线或有其他故障（接地良好时氖管应不亮）。

4）检查电路接触不良。当发现氖管闪烁时，表明回路节点接触不良或松动，或是两个不同电气系统相互干扰。

5）区分交直流。测试时若氖管的两个极都发光，则为交流电；若只有一个极发光，则为直流电。

6）判断直流电是否接地，氖管不亮，证明直流不接地；否则，直流接地。

（3）验电笔的使用注意事项

在使用中要防止笔尖金属体触及皮肤，以避免触电，同时也要防止笔尖金属体处引起短路事故。验电笔只能用于 220/380V 系统。验电笔使用前须在有电设备上验证其是否良好。

2. 钢丝钳

（1）钢丝钳的结构

钢丝钳由钳头、钳柄及钳柄绝缘胶套等部分组成，绝缘胶套的耐压为 500V。

（2）钢丝钳的功能

钳口用来弯绞或钳夹导线线头，齿口用来紧固或拧松螺母，刀口用来剪切导线或剖切导线绝缘层，铡口用来剪切电线芯线和钢丝等硬金属线，如图 1-1-24 所示。

（3）钢丝钳的规格

以钳身长度计有 160mm、180mm、200mm 三种规格。

钢丝钳质量检验：绝缘胶套外观良好，目测钳口密不透光；钳柄绕垂直导线大面积范围转动灵活，但不能沿垂直钳身方向运动者为佳。

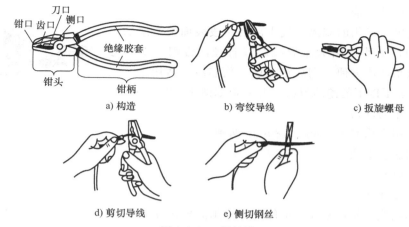

a) 构造　　　　　　b) 弯绞导线　　　　　　c) 扳旋螺母

d) 剪切导线　　　　　　e) 侧切钢丝

图 1-1-24　钢丝钳

（4）使用注意事项

钢丝钳使用前应检查绝缘胶套是否完好，绝缘胶套破损的钢丝钳不能使用；用以切断导线时，不能将相线和中性线或不同相的相线同时在一个钳口处切断，以免发生事故；不能将钢丝钳当榔头和撬杠使用；应爱护绝缘胶套。

3. 尖嘴钳

（1）尖嘴钳的结构

尖嘴钳由钳头、钳柄及钳柄上耐压为 500V 的绝缘胶套等部分组成。

（2）尖嘴钳的功能

尖嘴钳头部细长呈圆锥形，接近端部的钳口上有一段棱形齿纹，由于它的头部尖而长，因而适应在狭小的工作环境中夹持轻巧的工件或线材，或可剪切、弯曲细导线。其外形如图 1-1-25 所示。

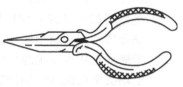

图 1-1-25　尖嘴钳

（3）尖嘴钳的规格

根据钳头的长度，尖嘴钳可分为短钳头（钳头为尖嘴钳全长的 1/5）和长钳头（钳头为尖嘴钳全长的 2/5）两种。规格以钳身长度计有 125mm、140mm、180mm、200mm 等几种。

4. 斜口钳

（1）斜口钳的结构

斜口钳由钳头、钳柄和钳柄上为 1000V 的绝缘胶套等部分组成，其特点是剪切口与钳柄成一定角度。质量检验与钢丝钳相似。

（2）斜口钳的功能

斜口钳用以剪断较粗的导线和金属丝，还可直接剪断低压带电导线。在比较狭窄的工作场所和设备内部，用以剪切薄金属片、细金属丝或剖切导线绝缘层。其外形如图 1-1-26 所示。

图 1-1-26　斜口钳

5. 剥线钳

（1）剥线钳的结构

剥线钳由钳头和手柄两部分组成，钳头由压线口和切口组成，分有切口直径为 0.5～3mm 的多个切口，以适应剥、削不同规格的芯线。

（2）剥线钳的功能

剥线钳是电工专用的剥离导线头部的一段表面绝缘层的工具。使用时切口大小应略大于导线芯线直径，否则会切断芯线。它的特点是使用方便，剥离绝缘层不伤芯线，适用于芯线横截面积为 6mm² 以下的绝缘导线。其外形如图 1-1-27 所示。

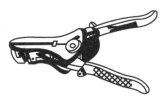

图 1-1-27　剥线钳

（3）剥线钳的规格

剥线钳常用规格有 140mm、180mm 两种。

（4）使用注意事项

不允许带电剥线。

6. 常用电工材料

导线又称电线，是用来输送电能的，常用的导线分绝缘导线和裸导线两大类。

（1）绝缘导线

它指导体外表有绝缘层的导线，根据其作用可分为电气装备用绝缘导线和电磁线两大类。

电气装备用绝缘导线包括将电能直接传输到用电设备的电源连接线、各种电器内部的连接线、各种电气设备的控制信号线，以及继电保护和仪表用电线。绝缘导线的芯线多由铜、铝构成，可采用单股或多股，分塑料和橡胶绝缘线两种。

常用绝缘导线符号有：BV—铜芯塑料线、BLV—铝芯塑料线、BX—铜芯橡胶线、BLX—铝芯橡胶线。

规格：0.5mm²、1mm²、1.5mm²、2.5mm²、4mm²、6mm²、10mm²、16mm²、25mm²、35、50mm²、70mm²、95mm²、120mm²、150mm²、185mm²、240mm²、300mm²、400mm²。

1）绝缘导线的选择：应根据使用环境和使用条件选择绝缘导线种类。

① 潮湿环境用塑料绝缘导线。

② 干燥环境用橡胶绝缘导线，若温度变化不大或阳光不直照，也可采用塑料绝缘导线。

③ 电动机室内配线采用橡胶绝缘导线，若是地下建设，应采用塑料绝缘导线。

④ 经常移动的绝缘导线，应采用多股软导线。

2）绝缘导线横截面积的选择：一般绝缘导线的最高允许工作温度为 65℃，导线的温度不超过 65℃ 时，可长期通过的最大电流值，叫允许载流量。

对电动机配线，绝缘铜芯线横截面积与允许载流量的关系口诀为"二点五乘以九，往上减一顺号走，三十五乘三点五，双双线组减点五，导体有变加折算，高温九折铜升级，穿管根数二三四，八七六折满载流"，见表 1-1-3。

表 1-1-3　绝缘导线横截面积与允许载流量的关系

导线横截面积/mm²	0.5	1	1.5	2.5	4	6	10	16	25	35	50	70
允许载流量/A	4.5	9	13.5	22.5	32	42	60	80	100	122.5	150	210

若为绝缘铝芯线，以明敷在环境温度 25℃ 的条件为准，口诀为"十下五，百上二；二十五三十五，四三界；七零九五两倍半；穿管温度八九折；裸线加一半；铜线升级算"。

（2）裸导线

裸导线指导体外表面无绝缘层的导线。裸导线分单股和多股两种，主要用于室外架空线。常用的裸导线有铜绞线、铝绞线和铜芯铝绞线。

（3）电缆

将单根或多根导线绞合成线芯，裹以相应的绝缘层，再在外面包密封包皮（铅、铝、塑料等）的电线称为电缆。

电缆按用途分有电力电缆、通信电缆、控制电缆等。

（4）导线的连接要求

1）接触紧密，稳定性好，接头电阻小，与同长度、同截面积导线的电阻比值不小于1，不大于1.2。

2）接头的机械强度应不小于导线机械强度的80%。

3）接头应耐腐蚀，导线之间焊接时，应防止残余熔剂、溶渣的化学腐蚀。

4）接头的绝缘强度应与导体的绝缘强度一样。

5）铜、铝导线连接时，应采用铜、铝过渡连接管，并采取措施防止受潮、氧化及铜铝之间产生电化学腐蚀。

注意：不同金属材料的导体不能直接连接，同一档距内不得使用不同线径的导线。常见的导线连接方式如图1-1-28所示。

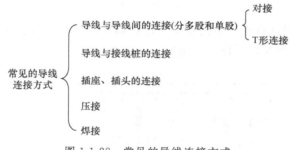

图 1-1-28　常见的导线连接方式

（三）元件质量检测

1. 外观检测

检查机械部分是否灵活，有无卡阻；触点有无损坏，外壳有无破损等。

2. 用万用表检测

1）转换开关：3对触点，同一层上为1对，3对同时接通或分断，手柄顺时针或逆时针旋转90°，两种状态相互转换。一般情况下，是水平为关，垂直为开。检测时，万用表调至欧姆档，倍率为100或1k，若电阻为∞，则为断开；若电阻为0，则为接通。

2）熔断器：将万用表调至欧姆档，倍率为100或1k，不放熔体时，用万用表测其两端，电阻值应为∞；装上熔体后测量，电阻值应为0。

3）按钮：将万用表调至欧姆档，倍率为100或1k，测常开触点，电阻值应为∞，测常闭触点，电阻值应为0；按下后，常开触点闭合，电阻值应变为0，常闭触点分断，电阻值应变为∞。

4）交流接触器：用万用表测其3对常开主触点、辅助常开触点，电阻值应为∞；测其辅助常闭触点，电阻值应为0。强行按下后，3对常开主触点、辅助常开触点闭合，电阻值应为0；辅助常闭触点断开，电阻值应为∞。

测量交流接触器线圈电阻值，若为 1.2～1.5kΩ，则线圈正常；若线圈电阻值为 ∞，则线圈断路；若线圈电阻值为 0，则线圈短路。无论线圈断路还是短路，都应更换。

（四）绘制电器元件布置图和安装接线图

1）绘制电器元件布置图，如图 1-1-29 所示。

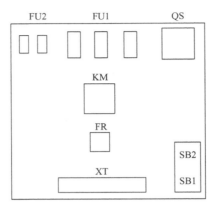

图 1-1-29　电器元件布置图

2）根据电气原理图进行小车单向连续运行控制电路的电器元件布置图的绘制，再根据电气原理图中编号，查找对应元件，画出安装接线图，如图 1-1-30 所示。

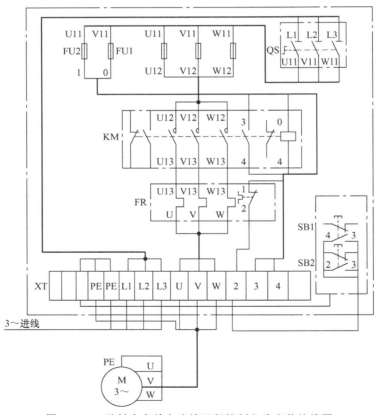

图 1-1-30　送料小车单向连续运行控制电路安装接线图

学习案例：送料小车单向点动运行的安装接线图绘制，如图 1-1-31 所示。

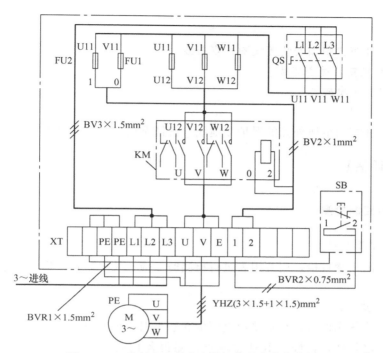

图 1-1-31　送料小车单向点动运行的安装接线图

（五）送料小车单向连续运行控制电路安装要点

1．紧固电器元件

应按图安装，各元件的安装位置应整齐、匀称、间距合理。同时应做到：

1）熔断器的受电端应向安装板的外侧安装，并使熔断器的受电端为中心端。

2）紧固元件时应用力均匀，紧固程度适当，在紧固熔断器、接触器、热继电器、接线盒等易碎裂的组件时，应用手按住组件，一边用螺钉旋具轮流旋紧对角线的螺钉，一边轻轻地摇动组件，直至手感到组件不动即可。

3）若用元件卡轨，也可将其固定于电器底板适当位置，再将元件安装于卡轨上。

2．线路接线

（1）方法

采用等电位法，自上而下，自左向右，逐线清，以防漏线。

（2）具体做法

用导线将编码相同的地方连在一起。

（3）注意事项

1）编码不同一定不要连接，否则将会造成短路；编码相同的地方不连或不完全连接，将会造成电路断路。

2）分清元件接线端子的进线端与出现端，一般为上进下出，左进右出。

3）两种不同截面积的导线需通过端子排连接，如交流接触器热继电器的触点与按钮相连时，或接触器触点与电动机相连时。

4）电动机的 U1、V1、W1 通过端子排与热继电器的触点相连，而其 U2、V2、W2 应短接。

3．检查布线

对照电器元件布置图和安装接线图检查布线。

4．检查电动机安装是否牢固

防止电动机发生事故。

5．接保护接地线

保证电动机和按钮金属外壳的保护接地线（视情况而定）连接可靠。

【项目检查与评估】

一、安装电路的检测

（一）电路静态检测

电路静态检测也称自检，用万用表进行检测时，应选用电阻档的适当倍率，并进行电阻调零。

1．检测主电路

接线完毕，确认无误后，在不接通电源的状态下对主电路进行检测。

万用表置于电阻档，若按下 KM 主触点，测得各相电阻应基本相等且近似为 0，松开 KM 主触点，测得各相电阻应为无穷大。

2．检测控制电路

1）可将万用表笔搭在 FU2 的两个出线端 0、1 之间，这时万用表的读数应为无穷大。按下起动按钮，万用表的读数应为交流接触器线圈的直流电阻值，为 1200～1500Ω，再按下停止按钮 SB2 或松开 SB1，万用表读数应为无穷大。

2）检测控制电路的自锁，松开 SB1，按下 KM 的触点，使其自锁的辅助常开触点闭合，将万用表笔搭在 FU2 的两个出线端 0、1 之间，万用表的读数应为交流接触器线圈的直流电阻值，再按下 SB2（注意此时按下 KM 的触点没松开），万用表读数应为无穷大。

（二）电路动态检测并通电试车运行

1）工作过程分析如图 1-1-32 所示。

图 1-1-32　送料小车工作过程分析

2）试车顺序：先接上电动机，再接上电源，然后合上板外刀开关或断路器，再合上组合开关，接着用验电笔测试熔断器的五个出线端，若电路已通，则可按下起动按钮。

3）试车成功率以通电后第一次按下按钮计算；操作中应观察各元件动作是否灵活，有无卡阻及噪声过大等现象，电动机运行有无异常。若发现问题，应立即切断电源进行检查。

4）通电完毕应首先按停止按钮，断开组合开关，再断开刀开关，然后先拆电源线，再拆电动机线。

5）热继电器电流的整定值取电动机额定电流的 1.05～1.15 倍。

二、电路故障的检修

送料小车单向连续运行控制电路的故障分析见表 1-1-4，表中仅为部分故障，其余故障请学生自行列出。

表 1-1-4　送料小车单向连续运行控制电路故障分析

序　号	故障现象	故障范围	排除方法
1	按下 SB1 无反应	1—2—3—4—0 之间存在断路	用万用表检测 1—2、2—3、3—4 间电阻并按下 SB1，如果指针不偏转，则故障就在 4—0 之间
2	按下 SB1 点动	3—KM 常开触点—4 之间断路	查看 3、4 节点，检查 KM 常开触点是否出现故障

【项目总结】

学生进行自评和互评，教师进行点评和总结。评价标准表见表 1-1-5 三相异步电动机控制电路评分标准。

表 1-1-5　三相异步电动机控制电路评分标准

序号	项目内容	考核要点	配分	评分标准	扣分	得分
1	着装穿戴	着装规范	5	（1）没穿工作服，扣 2 分 （2）没穿绝缘鞋，扣 2 分 （3）没戴线手套，扣 2 分 （4）着装不规范，扣 3 分		
2	工具材料选择	准备齐全	5	（1）工具携带不齐全，每漏一件扣 2 分 （2）导线选择不正确，扣 2 分 （3）未检查万用表，扣 3 分 （4）未检查元件，扣 2 分 （5）电动机质量检查，每漏一处扣 3 分		
3	固定元件	安装手法正确	10	（1）不按布置图安装，扣 10 分 （2）元件安装不紧固，扣 2 分 （3）元件安装不整齐、不对称、不合理，每个扣 2 分 （4）损坏元件，扣 10 分		

（续）

序号	项目内容	考核要点	配分	评分标准	扣分	得分
4	布线	接线正确，工艺美观	30	（1）接线错误，每处扣5分 （2）接线应横平竖直，不合要求每处扣2分 （3）接点不正确，每处扣3分 （4）接点不牢固、反圈，每处扣2分 （5）剥线过长，每处扣2分 （6）压绝缘皮，或损伤导线线芯，每处扣2分 （7）导线选择时相序颜色不合要求，扣3分		
5	静态检测	档位选择正确，检测方法正确	10	（1）万用表选择档位不正确，扣5分 （2）检测方法不正确，扣5分		
6	动态检测	电源检测、主电路检测、控制电路检测操作正确	10	（1）验电笔使用不正确，扣3分 （2）检测方法不正确，扣7分 （3）未检查三相电源，扣3分		
7	通电试车运行	试车成功，整定电流设定正确	20	（1）不清理现场，扣5分 （2）现场清理不干净，扣3分 （3）电动机断相带电运行超过5s，扣10分，并要求学生拉断电源 （4）热继电器未整定或整定错，扣5分 （5）第一次试车不成功，扣10分；第二次试车不成功，扣15分；第三次试车不成功，停止操作，扣20分		
8	安全文明操作	遵守操作规程，设备无损坏，尊重裁判人员，讲文明礼貌	10	（1）违反安全文明规程，每次扣5分 （2）发生触电，停止作业，不得分 （3）仪表及工具使用不当，每次扣3分 （4）损坏一件仪器、仪表、工具，扣5分 （5）野蛮操作，顶撞考评员或教师，扣10分 其余根据轻重扣5～10分		
	合计		100			

否定项：若发生学生操作带来的触电意外，该道试题记零分

技术要求：① 识别电气原理图，正确安装接线图
　　　　　② 操作中各种工具并用，技法纯熟，工艺合格

扩展知识点学习：电动机点动、长动混合运行控制电路

实际生产中通常要求电动机点动运行或电动机点动、长动混合运行，电动机点动、长动混合运行控制电路如图1-1-33所示。

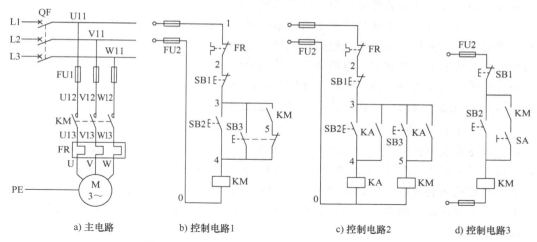

a) 主电路   b) 控制电路1   c) 控制电路2   d) 控制电路3

图 1-1-33 电动机点动、长动混合运行控制电路

扩展技能点学习：兆欧表使用和三相异步电动机同名端判断

兆欧表（绝缘电阻表）是一种测量电动机、电器、电缆等电气设备绝缘性能的仪表，是用来测量最大电阻值、绝缘电阻、吸收比以及极化指数的专用仪表，使用相当广泛，并直接关系到电气设备的正常运行和工作人员的人身安全。

兆欧表按结构原理分，可分为手摇式兆欧表和数字式兆欧表。兆欧表外形如图 1-1-34 所示。

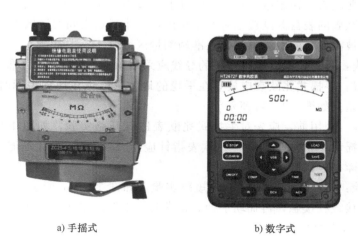

a) 手摇式   b) 数字式

图 1-1-34 兆欧表外形

一、兆欧表结构和工作原理

1. 手摇式兆欧表的结构和工作原理

手摇式兆欧表测试电压为 $100\sim2500\mathrm{V}$，量程上限达 $2500\mathrm{M}\Omega$，应用广泛，但操作费力，测试准确度低（受手摇速度、刻度非线性和倾斜角度影响），输出电流小，抗反击能力弱，

不适合变压器等大型设备的测量。但因价格低廉，仍有一定市场。

手摇式兆欧表由一台手摇直流发电机和电磁式比率表组成。发电机的容量很小，但能产生较高的电压，发电机输出的电压越高，测量绝缘电阻值的范围越大。手摇式兆欧表的测量机构是电磁式比率表，由磁路、电路和指针等部分组成；磁路部分由永久磁铁、极掌和圆柱形铁心等构成；电路部分由两个可动的线圈构成，可动线圈呈丁字形交叉放置，且共同固定在转动轴上，当通入电流后，两个线圈内部的电流方向相反。

2. 数字式兆欧表的结构和工作原理

数字式兆欧表测试电压可至 5000V、10000V 甚至 15000V，可直接读取吸收比和极化指数，量程上限达到 100TΩ 以上，有自放电回路，抗反击能力强，在电力系统得到广泛应用。

数字式兆欧表利用电子电路，采用 DC - DC 变换技术，产生直流高压电源，施加在被试品上，采集流经试品的电流，进行分析处理，再变换成相应的绝缘电阻值，由模拟式指针表头或数字表显示。

二、手摇式兆欧表使用

手摇式兆欧表的标度单位是兆欧（MΩ），它本身带有高压电源。手摇式兆欧表有两个接线柱，一个是线路接线柱（L），一个是接地柱（E），还有一个铜环，称为保护环或屏蔽端（G）。

1. 使用前的准备

1）选择种类：手摇式兆欧表种类很多，有 500V、1000V、2000V 等。要根据被测设备的电压等级选择合适的手摇式兆欧表。一般额定电压在 500V 以下的设备，选用 500V 或 1000V 的手摇式兆欧表；额定电压在 500V 以上的设备，选用 1000V 或 2500V 的手摇式兆欧表。手摇式兆欧表的表盘刻度线上有两个小黑点，小黑点之间的区域为准确测量区域。所以在选表时应使被测设备的绝缘电阻值在准确测量区域内。

2）选择导线：手摇式兆欧表测量用的导线应采用单根绝缘导线，不能采用双绞线。

3）平稳放置：手摇式兆欧表应放置在平稳的地方，以免在摇动手柄时，因表身抖动和倾斜产生测量误差，如图 1-1-35a 所示。

4）开路实验：使用前，应先对手摇式兆欧表进行开路实验，如图 1-1-35b 所示，即两接线柱分开，再摇动手柄。正常时，兆欧表指针应指"∞"。如指针不能指到该指的位置，表明兆欧表有故障，应检修后再用。

5）短路实验：开路实验后，再进行短路实验，如图 1-1-35c 所示。短路实验是先将手摇式兆欧表的两接线柱接触，再摇动手柄。正常时，手摇式兆欧表指针应指"0"。

2. 手摇式兆欧表的应用

（1）测量照明与动力线路的绝缘性能

将手摇式兆欧表接线柱 E 可靠接地，接线柱 L 与被测线路连接，沿顺时针方向由慢到快摇动兆欧表的发电机手柄，大约 1min，待兆欧表指针稳定后读数，兆欧表指针指示数值为被测线路的对地绝缘电阻。

注意：不能停下来读数。

（2）测量电动机定子绕组的绝缘电阻

1）测定子绕组相间绝缘电阻：拆开电动机的丫联结和△联结的连线，用手摇式兆欧表

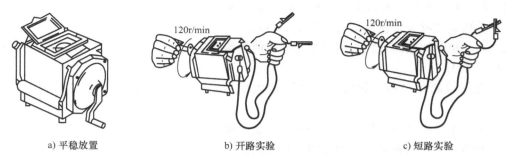

a) 平稳放置　　　　　　b) 开路实验　　　　　　c) 短路实验

图 1-1-35　手摇式兆欧表使用前的开路实验和短路实验

的两个接线柱 E 和 L 分别接电动机的两相定子绕组，如图 1-1-36a 所示。摇动兆欧表的发电机手柄后读数，指针指示数值为电动机定子绕组的相间绝缘电阻。

2）测定子绕组对地绝缘电阻：将手摇式兆欧表接线柱 E 接电动机外壳（机壳上接触处的漆或锈应清除），接线柱 L 接电动机被测绕组，如图 1-1-36b 所示。摇动兆欧表的发电机手柄后读数，指针指示数值为电动机定子绕组对地绝缘电阻。

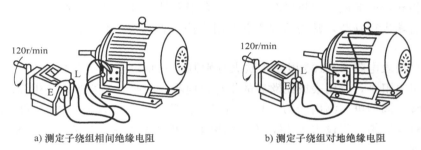

a) 测定子绕组相间绝缘电阻　　　　　　b) 测定子绕组对地绝缘电阻

图 1-1-36　手摇式兆欧表测量电动机定子绕组的绝缘电阻

（3）测量电缆绝缘电阻

将手摇式兆欧表接线柱 E 接电缆外壳，接线柱 G 接电缆线芯与外壳之间的绝缘层，接线柱 L 接电缆线芯，摇动兆欧表的发电机手柄，待兆欧表指针稳定后读数，这时指针所指示的数值就是电缆线芯与电缆外壳的绝缘电阻值，如图 1-1-37 所示。

（4）手摇式兆欧表使用后的放电

手摇式兆欧表未停止转动之前或被测设备未放电之前，严禁用手触及。拆线时，也不要触及引线的金属部分。

手摇式兆欧表使用后，应及时放电，即 L 和 E 两接线柱短接，以免发生触电事故，如图 1-1-38 所示。

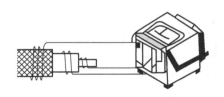

图 1-1-37　手摇式兆欧表测量电缆绝缘电阻

图 1-1-38　手摇式兆欧表的放电操作

27

3. 使用手摇式兆欧表测量电器绝缘时的注意事项

1）手摇式兆欧表转速应均匀，约120r/min。

2）电动机的绕组间、相与相、相与外壳的绝缘电阻应≥0.5MΩ，移动电动工具的绝缘电阻应≥2MΩ。

3）测量线路绝缘时：相线与相线之间电阻应≥0.38MΩ、相线与零线之间电阻应≥0.22MΩ。

4）中、小型电动机一般选用500～1000型手摇式兆欧表。

5）若测得某相电阻是零，则说明该相已短路。

6）若测得某相电阻是0.1MΩ或0.2MΩ，则说明该相绝缘电阻性能已降低。对于500V以下的电动机，其绝缘电阻不应低于0.5MΩ，全部更换绕组的则应不低于5MΩ。

7）电器设备的绝缘电阻越大越好。

8）电动机或线路的电阻绝缘性能降低、短路时，需要维修，不能使用。

三、三相异步电动机同名端判断

无论三相异步电动机采用星形联结还是三角形联结，进行维修时都需重新对电动机三相定子绕组同名端进行判断，常用的方法有万用表法、直流法、转子法（发电法）、灯泡法和交流法。

首先用万用表电阻 $R \times 100$ 档或兆欧表分别测量三相定子绕组各相两个引出端间电阻。由于定子绕组电阻小，万用表或兆欧表的指针指向零，则两表笔所接为同相绕组。用兆欧表时，手柄慢转一圈即可，测出的第一相两引出端打单线结，假设为 U 相，同前测法，第二相两引出端打双线结，假设为 V 相，重复测出第三相两引出端不打结，假设为 W 相。

1. 直流法

可用万用表直流毫安档或直流电压档（0～5V）接线。

1）根据前述方法测出各相绕组。

2）将万用表置于直流毫安档，红、黑表笔接假想 W 相，如图 1-1-39 所示。

3）然后将电动机假想的另一相的两个引出端串联开关（S）后与直流电源（9V 或1.5V）相连接。

4）开关闭合瞬间，若万用表指针正向偏转，则电源负极所接引出端与万用表黑表笔所接引出端为同名端；反之，则电源正极所接引出端与万用表黑表笔所接引出端为同名端。

5）用上述步骤3）、4）方法，再判定另一相。

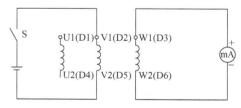

图 1-1-39　直流法判别电动机同名端

2. 转子法

1）根据前述方法测出各相绕组。

2）将万用表置于直流毫安档。

3）将三相异步电动机三个绕组的各一引出端短接后接红表笔，另一引出端短接后接黑表笔，如图 1-1-40 所示。

4）匀速摇动电动机，观察指针偏转。

5）若指针没有偏转，则各绕组所选的三根接在一起的引出端为同名端，否则应换线调整。此方法是利用转子中的剩磁在定子绕组中产生感应电动势的方向关系来判别的，所以电动机转子必须有剩磁，即必须是运转过的或通过电的电动机。

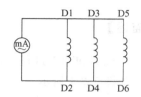

图 1-1-40　转子法判别电动机同名端

3. 白炽灯法

白炽灯法需采用 36V 电池及 24V 白炽灯来判别定子绕组的同名端。

1）根据前述方法测出各相绕组。

2）把任意两相绕组串接起来，并接上白炽灯，再把第三相绕组的两端与电池的两极相连。若白炽灯亮，则表明两绕组为异名端（即首与尾）相接，如图 1-1-41a 所示；若白炽灯不亮，则表明两绕组为同名端（即首与首或尾与尾）相接，如图 1-1-41b 所示。

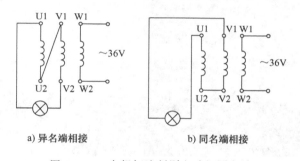

a) 异名端相接　　　　　　b) 同名端相接

图 1-1-41　白炽灯法判别电动机同名端

3）首端记为 U1、V1、W1，尾端记为 U2、V2、W2。

4）判别出两相绕组的首端与尾端并做好标记后，再将已判定出首尾端的一相绕组接 36V 电压，另两相绕组相串联后接白炽灯，即可判定出第三相绕组的首尾端。

此方法是将定子绕组和铁心看作一个变压器，接 36V 电压的绕组是一次绕组，另两个串联的绕组是二次绕组。图 1-1-41a 在 U 相和 V 相顺向串联后，电压相加后约 72V，点亮了白炽灯，图 1-1-41b 中 U 相和 V 相绕组反向串联后，电压相加后为零，白炽灯不亮。

4. 交流法

此方法不做描述，请自行查阅资料。

【巩固与提高】

1. 在点动控制电路实验中，当 SB2 按下，电动机处于运转状态，此时按下 SB3（注意不要按到底）会出现什么现象？

2. 接触器的主触点、辅助触点和线圈各接在什么电路中？

子项目 1 – 2 送料小车往返运行控制

【任务描述】

在工厂现场和加工过程中，常要求送料小车或其他物体不是沿一个方向运动，而是能往返运动，如图 1-2-1 所示。在控制系统中，采用的是一台电动机来实现物体往返运动，如工作台的前进与后退，主轴电动机的正转与反转，电梯的升与降，工作台的上下、左右、前后运动等，这就要求电动机能够正反转，这就需要有某种控制电路能采用某种方式使电动机实现正反转。在工厂实际应用中，通常采用改变三相异步电动机绕组接入电源的相序来实现，即改变主电路的两相相序。

图 1-2-1　行车在工厂的应用

图 1-2-2 所示为送料小车往返运行示意图。送料小车往返运行中，采用同一台三相异步电动机的正转或反转来控制送料小车的往返运行，控制中由两个起动按钮分别控制电动机的正转或反转，同时分别由两个停止按钮控制送料小车在正向运行或反向运行时停止。当然也可设一个总停按钮。

图 1-2-2　送料小车往返运行示意图

知识点学习 1：旋转磁场的转向

由图 1-1-10 可以看出，通入电流出现最大值的顺序是 U→V→W，将 i_U 接 U 相绕组，将 i_V 接 V 相绕组，将 i_W 接 W 相绕组，则旋转磁场的旋转方向也为 U→V→W，正好和电流出现最大值的顺序相同，即旋转磁场由电流超前相转向电流滞后相。

若任意调换电动机两相绕组所接交流电源的相序，如 i_U 接 U 相绕组，将 i_V 接 W 相绕组，将 i_W 接 V 相绕组，三相绕组出现电流最大值的顺序是 U→W→V，用图解法分析可知，合成磁场的旋转方向也为 U→W→V。

旋转磁场的转向取决于通入定子绕组中的三相交流电的相序，旋转磁场总是由电流超前相转向电流滞后相。只要任意调换电动机两相绕组所接交流电源的相序，即可改变旋转磁场的转向。

【任务目标】

知识目标：

1. 理解正反转的含义；
2. 理解互锁的含义和方式；
3. 掌握电动机正反转起动控制电气原理图；
4. 理解转换开关在送料小车往返控制电路中的应用。

能力目标：

1. 具备正确理解和绘制电气安装接线图的能力；
2. 能够正确区分两种不同的互锁方式；
3. 能够正确连接送料小车往返运行控制电气安装接线图，并进行相应的运行、调试和排故（排除故障）；
4. 能进一步提高接线工艺的规范性，并初步形成自身的思维和经验总结。

【完成任务的计划决策】

往返运行不仅出现在送料小车系统中，在数控机床的加工、物体的传送和起重机、电梯的升降中也广泛存在，其控制电路涉及的不仅仅是手动的往返和停止，还可以利用相应的关，如行程开关、接近开关等，实现小车的自动往返，更加体现设计的合理性和提高自动化程度。

送料小车的往返运行控制电路是典型的基础电路，但是应用场合不同，在设计时采用的电器元件和实现方式各有不同，同时还应考虑相应的保护，确保系统的安全操作性。本项目为首次讲解，利用不同的电器元件实现正反转，着重区分正反转的类型。

【实施过程】

一、送料小车往返运行控制方式分析

简单的送料小车往返运行控制可通过不同的电器元件来控制电动机的正转或反转实现，可以选择前进和后退方向各用一个电动机，但是此时用两个电动机，相应的控制器件会增多。能够采用一台电动机进行控制更好，故实际中常用倒顺开关或接触器实现电路的控制。

二、送料小车往返运行的主电路设计

送料小车往返运行控制的主电路有很多种，本项目选择通过改变三相异步电动机旋转磁场方向的方式进行电动机的正反转控制，常采用倒顺开关或接触器实现。

（一）用倒顺开关控制送料小车往返运行

如图 1-2-3a 所示，主电路中加入倒顺开关 SCB，SCB 有四对触点、三个工作位置。首先闭合开关 QS，再转动倒顺开关 SCB，即可选择电动机的正转和反转。

其特点是倒顺开关无灭弧装置，若直接用来控制电动机，仅适用于控制容量为 5.5kW以下的电动机。

如图 1-2-3b 所示，结合了倒顺开关和接触器，只用倒顺开关来预选电动机的旋转方向，由接触器 KM 来接通与断开电动机的电源，并且接入热继电器 FR，电路具有长期过载保护和欠电压与失电压保护，可以控制容量大于 5.5kW 的电动机。

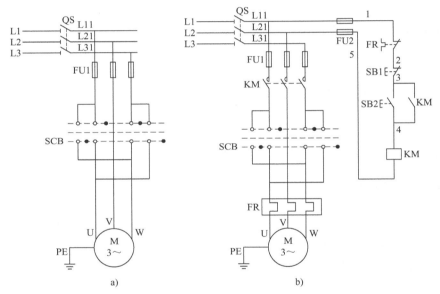

图 1-2-3　倒顺开关控制电动机正反转

知识点学习 2：倒顺开关

组合开关中有一种叫倒顺开关。倒顺开关用于控制电动机的正反转及停止。倒顺开关由带静触点的基座、带动触点的鼓轮和定位机构组成。倒顺开关有三个位置：向左 45°（正转）、中间（停止）、向右 45°（反转）。

倒顺开关在电路图中的触点状态图及状态表如图 1-2-4 所示。

虚线——表示操作位置，不同操作位置的各对触点的通断表示于触点右侧。

黑点——与虚线相交的位置上涂黑点表示接通，没有黑点表示断开。

触点的通断状态还可以列表表示，表中"＋"表示闭合，"－"或无记号表示断开。

请同学们自行查阅型号 Z2－10S/3 的含义。

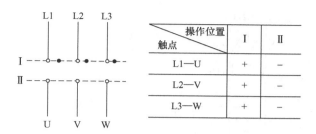

图 1-2-4 倒顺开关

（二）分别用两个接触器控制送料小车往返运行

在对三相异步电动机的控制中，我们更常用到的是接触器控制而不是倒顺开关直接控制，如图 1-2-5 所示，用两个接触器来实现正反转控制，需要正转时，使 KM1 的主触点闭合；需要反转时，使 KM2 的主触点闭合。但是在电路设计时，应考虑到因为三相的电源换了两相，电动机才能实现正反转，故两个接触器不能同时得电，若同时得电会出现两相短路现象。

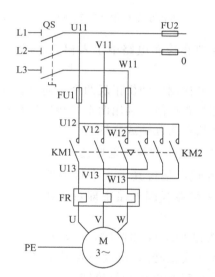

图 1-2-5 接触器控制电动机正反转主电路

三、送料小车往返运行的控制电路设计

在前面学习的单向连续运行控制电路中，用一个交流接触器进行控制，往返运行时，在单向连续运行控制电路的基础上，采用两个接触器进行控制，如图 1-2-6 所示，在正向控制时，按下 SB2 按钮，KM1 线圈得电且自锁，KM1 的主触点闭合，带动电动机正向转动；当按下 SB3 按钮时，KM2 线圈得电且自锁，KM2 的主触点闭合，带动电动机反向转动。但是该电路有个明显问题：若同时按下 SB2 或 SB3，KM1 和 KM2 线圈同时得电，其两个主触点同时闭合会出现两相短路，故需进一步改进。

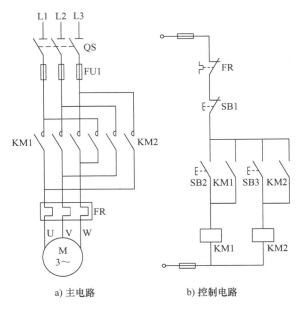

a) 主电路   b) 控制电路

图 1-2-6　送料小车往返运行控制电路初步设计

　　为了进一步完善电路，需要在控制电路中串入相应的开关，使两个接触器不能同时得电，这就必须设置互锁电路。

　　互锁（或联锁）的目的是使控制电动机正反两个方向运转的两个交流接触器不能同时闭合，否则主电路中将发生两相短路事故。利用两个接触器进行相互制约，使它们在同一时间里只有一个工作，这种控制作用称为互锁或联锁。

　　1. 带电气互锁的送料小车往返运行控制电路设计

　　接触器互锁又称为电气互锁，是将其中一个接触器的辅助常闭触点串入另一个接触器线圈电路中即可，如图 1-2-7 所示。

　　其工作原理是按下起动按钮 SB1 或 SB2 时，电动机正转（或反转），再起动反转（或正转），电动机保持原有的方向连续转动，按下停止按钮 SB3 电动机停转。

　　带电气互锁的正反转电路中，在操作过程中，只能是正转（或反转）停止后才能反转（或正转）。

　　2. 带机械互锁的送料小车往返运行控制电路设计

　　按钮互锁又称为机械互锁，是将正转起动按钮的常闭触点串接在反转控制电路中，将反转起动按钮的常闭触点串接在正转控制电路中，如图 1-2-8 所示。

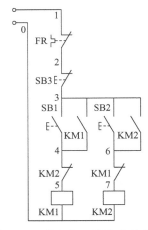

图 1-2-7　带电气互锁的送料小车
往返运行控制电路设计

　　带机械互锁的控制电路的特点是操作方便，可直接实现正-反-停或反-正-停。其缺点是若按钮损坏可能会出现两相短路故障，电路工作中存在隐患。

3. 带双重互锁的送料小车往返运行控制电路设计

双重互锁正反转即电路中含电气互锁和机械互锁。电动机运转过程为正（反）–停–反（正），也可正（反）–反（正）–停，如图 1-2-9 所示。

注意： 自锁触点用接触器自身的常开触点，互锁触点是将自身的常闭触点串入对方的线圈回路。

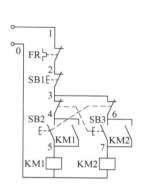

图 1-2-8　带机械互锁的送料小车
往返运行控制电路设计

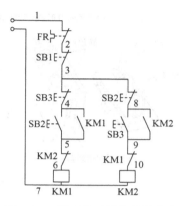

图 1-2-9　带双重互锁的送料小车
往返运行控制电路设计

知识点学习 3：保护电器

1. 熔断器

熔断器是一种过电流保护电器，主要由熔体、熔管和熔座三部分组成，如图 1-2-10 所示。熔体一般为丝状或片状，制作熔体的材料一般为铅锡合金、锌、铜和银；熔管用于安装熔体和填充灭弧介质；熔座的作用是固定熔管和连接引线。

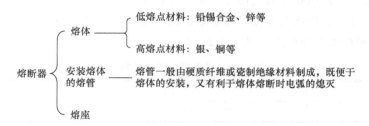

图 1-2-10　熔断器组成

常用的熔断器有瓷插式（RC 系列）、螺旋式（RL 系列）、无填料密闭管式（RM 系列）、有填料密闭管式（NT 及 RT 系列）、快速式（RS 系列）和自复式等，如图 1-2-11 所示。

1）瓷插式熔断器：分断能力小，多用于民用和照明电路。

2）螺旋式熔断器：有较高的分断能力，常用于电动机主电路中。

3）密闭管式熔断器：分为有填料和无填料两种。无填料密闭管式：常用于低压配电网或成套配电设备中。有填料密闭管式：常用于大容量的电力网和配电设备中。

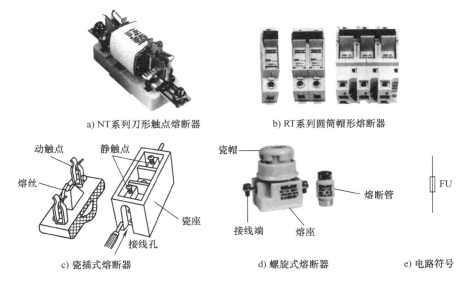

a) NT系列刀形触点熔断器　　　　　b) RT系列圆筒帽形熔断器

c) 瓷插式熔断器　　　　　d) 螺旋式熔断器　　　　　e) 电路符号

图 1-2-11　熔断器

4）快速熔断器：用于半导体器件或整流装置的短路保护。

5）自复式熔断器：既能切断短路电流，又能在故障消除后自动恢复。自复式熔断器的优点是能重复使用，不必更换熔体，但在线路中只能限制短路电流，不能切除故障电路，所以自复式熔断器通常与低压断路器配合使用，甚至组合为一种电器，利用自复式熔断器来切断短路电流，而利用低压断路器来实现通断电路和过负荷保护。

（1）熔断器主要技术参数

1）额定电压：熔断器长期安全工作的电压。

2）额定电流：熔断器长期安全工作（各部件发热不超过允许温度）的电流。

3）熔体额定电流：指长期通过熔体而不会使熔体熔断的最大电流。

4）极限分断能力：指熔断器能可靠分断的最大短路电流值，它反映了熔断器的灭弧能力，其熔断电流和熔断时间的关系见表 1-2-1。

表 1-2-1　熔断器极限分断能力

熔断电流/A	$1.25I_N$	$1.6I_N$	$2I_N$	$2.5I_N$	$3I_N$	$4I_N$	$8I_N$
熔断时间/s	∞	3600	40	8	4.5	2.5	1

（2）熔体额定电流的选择

1）照明和电热负载：熔体额定电流应等于或稍大于负载的额定电流。

2）单台电动机负载：熔体额定电流应大于或等于电动机额定电流的 1.5～2.5 倍。

3）频繁起动的电动机：熔体额定电流应大于或等于电动机额定电流的 3.5～8 倍。

4）对于多台电动机，熔体额定电流应大于或等于其中功率最大的电动机额定电流的 1.5～2.5 倍与其余电动机的额定电流之和。

2. 热继电器

热继电器是利用电流热效应工作的保护电器，主要用于电动机过载、断相、电流不平衡运行等发热状态的保护，专门用来对连续运行的电动机进行过载及断相保护，以防止电动机过热而烧毁。

热继电器的保护特性应在电动机过载特性的下方，并靠近电动机的过载特性。热继电器的整定电流应大于或等于电动机的额定电流。

热继电器由热元件、双金属片、触点系统、传动推杆等组成，如图 1-2-12 所示。

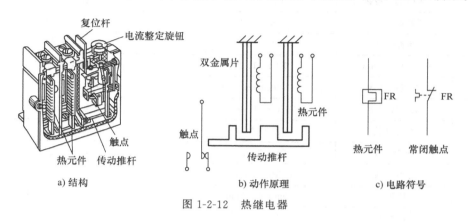

图 1-2-12 热继电器

四、送料小车往返运行电气控制电路的安装

在进行电气控制电路安装前，应列出相应的电器元件明细表，绘制电器元件布置图和安装接线图等，再进行电路的安装、运行与调试，下面以带电气互锁的送料小车往返运行电路为例进行介绍，其电气原理图如图 1-2-13 所示。

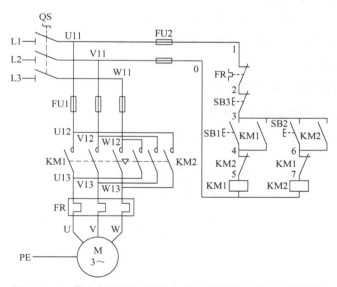

图 1-2-13 带电气互锁的送料小车往返运行电路电气原理图

（一）电器元件明细表

电器元件明细表详见表 1-2-2。

表 1-2-2　电器元件明细表

符　号	名　　称	型号及规格	数　量	用　途	备　注
M	三相交流异步电动机	Y112M - 2 380V 0.75kW	1		
SB3	停止按钮	LA4 - 3H	1	停止电动机	
SB1	正转起动按钮	LA4 - 3H	1	正转起动电动机	
SB2	正转起动按钮	LA4 - 3H	1	反转起动电动机	
FU1	主电路熔断器	RL1 - 60/20	3	主电路短路保护	
FU2	控制电路熔断器	RL1 - 15/2	3	控制电路短路保护	
KM1	交流接触器	CJX - 9/22 或 CJ20 - 10 380V	1	控制电动机正转	
KM2	交流接触器	CJ20 - 10 380V	1	控制电动机反转	
QS	组合开关	HZ10 - 25/3	1	电源的合断	
	绝缘导线	BV1.5mm²		主电路接线	
	绝缘导线	BVR0.75mm²		控制电路接线	
	木质板	400mm×600mm		安装电路	
	木螺钉		适量	紧固作用	
XT	端子排	TB - 1512	1	连接	
XT	端子排	TB - 2512L	1	连接	

（二）所需工具器材

所需工具器材有各类常用电工工具（螺钉旋具、钳子、验电笔、剥线钳等）、万用表、电器安装底板、端子排、BV1.5mm² 和 BVR0.75mm² 绝缘导线、熔断器、交流接触器、热继电器、组合开关、按钮、三相交流异步电动机 1 台等。

（三）元件质量检测

所用元件质量检测方法同上一项目。

（四）绘制电器元件布置图和安装接线图

1）绘制电器元件布置图，如图 1-2-14 所示。

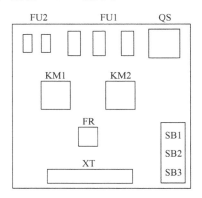

图 1-2-14　电器元件布置图

2）根据电气原理图进行电器元件布置图的绘制，再根据电气原理图中编号，查找对应元件，画出安装接线图，如图 1-2-15 所示。

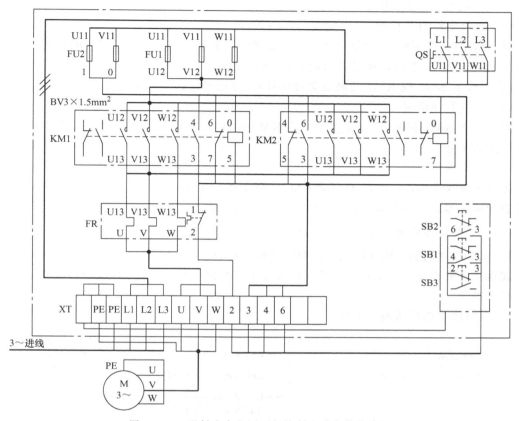

图 1-2-15　送料小车往返运行控制电路安装接线图

（五）送料小车往返运行控制电路安装要点

安装要点同上一项目。

【项目检查与评估】

一、安装电路的检测

（一）电路静态检测

1. 检测主电路

接线完毕，确认无误后，在不接通电源的状态下对主电路进行检测。

万用表置于电阻档，若按下 KM1 主触点，测得各相电阻应基本相等且近似为 0，而松开 KM1 主触点，测得各相电阻应为无穷大。KM2 检测方法同 KM1。

2. 检测控制电路

（1）万用表检测

可将万用表笔搭在 FU2 的两个出线端 0、1 之间，这时万用表的读数应为无穷大。按下起动按钮 SB1（或反转按 SB2），万用表的读数应为交流接触器线圈的直流电阻值，为 1200～1500Ω，松开 SB1（或 SB2），万用表读数应为无穷大。也可按 SB1（或 SB2）的同时按下 SB3，万用表读数应为无穷大。

（2）控制电路自锁检测

按下 KM1（或 KM2）的触点架，使其自锁的辅助常开触点闭合，将万用表笔搭在 FU2 的两个出线端 0、1 之间，万用表的读数应为交流接触器线圈的直流电阻值，再按下 SB3（注意此时按下 KM1 或 KM2 的触点架没松开），万用表读数应为无穷大。

（3）电气互锁检测

同时按下 KM1 和 KM2 的触点架，使 KM1 和 KM2 的联锁触点分断，万用表指针稍偏转立即指向无穷大。

（4）停车检测

按下 SB1（或 SB2）或 KM1（或 KM2）触点架，万用表笔搭在出线端 0、1 之间，万用表读数为接触器的直流电阻值；此时按下停止按钮 SB3，万用表读数应变为无穷大。

（二）电路动态检测并通电试车运行

1）试车顺序同前。电动机正反转控制过程分析如图 1-2-16 所示。

注意：为避免安全事故发生，通电试运行必须在指导教师现场监护下严格按安全规程的有关规定操作。

2）其余注意事项同前一项目。

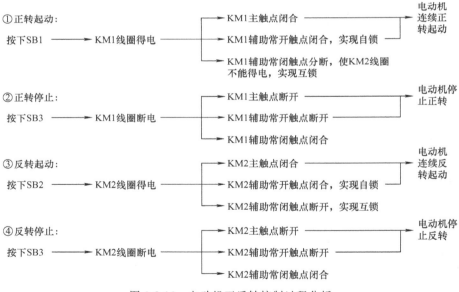

图 1-2-16　电动机正反转控制过程分析

二、电路故障的检修

送料小车往返运行控制电路的故障分析见表 1-2-3，仅列出部分故障，其余故障请学生自行列出。

注意：查找故障前首先要确定自己的电路是否安装正确，查找时要对应电气原理图。

表 1-2-3　送料小车往返运行控制电路故障分析

序　号	故 障 现 象	故 障 范 围	排 除 方 法
1	按下 SB1 无反应	1—2—3—4—5—0 之间断路	用万用表检测 1—2（并按下 SB3）、2—3、3—4（并按下 SB1）、4—5、5—0，如果表针不偏转，则故障就在这两个点之间
2	按下 SB1 点动（正转点动）	3—KM1 常开触点—4 之间断路	查看 3、4 节点，检查 KM1 常开触点是否出现故障
3	按下 SB1 正转正常起动，按 SB2 无反应	3—6—7—0 之间断路	用万用表检测 3—6（并按下 SB2）、6—7、7—0，如果表针不偏转，则故障就在这两个点之间
4	正转正常，反转点动	3—KM2 常开触点—6 之间断路	查看 3、6 节点，检查 KM2 常开触点是否出现故障

【项目总结】

学生进行自评和互评，教师进行点评和总结。评价标准表见表 1-1-5 三相异步电动机控制电路评分标准。

扩展知识点学习：电气控制电路故障检修步骤和方法

电气控制电路的故障一般分为自然故障和人为故障两大类，轻者使电气设备不能工作影响生产，重者酿成事故，因此电气控制电路日常的维护检修尤为重要。

电气控制电路形式很多，复杂程度不一。要准确、迅速地找出故障并排除，必须弄懂电路原理，掌握正确的检修步骤和分析方法。

1. 电气控制电路故障的检修步骤

1）仔细观察故障现象。

2）依据电气原理图找出故障发生的部位或故障所在的电路，且尽可能地缩小故障范围。

3）查找故障点。

4）排除故障。

5）通电空载校验或局部空载校验。

6）正常运行。

在以上检修步骤中，查找故障点是检修工作的难点和重点。在查找故障点时，首先应该分清发生故障的原因是属于电气故障还是机械故障；对于电气故障，还要分清是电气电路故障还是电器元件的机械结构故障。

2. 电气控制电路故障的分析方法

常用的电气控制电路故障的分析方法有：调查研究法、实验法、逻辑分析法和测量法等，往往要同时运用几种方法查找故障点。

（1）调查研究法

归纳为 4 个字：问、看、听、摸，能帮助找出故障现象。

问：询问设备操作工人。

看：看有无由于故障引起的明显的外观征兆。

听：听设备各电器元件在运行时的声音与正常运行时有无明显差异。

摸：摸电器发热元件及电路的温度是否正常等。

（2）实验法

实验法是在不损伤电器和机械设备的条件下通电进行实验的方法。一般先进行点动实验检验各控制环节的动作情况，若发现某一电器动作不符合要求，即说明故障范围在与此电器有关的电路中，然后在这部分电路中进一步检查，便可找出故障点。

还可以采用暂时切除部分电路（主电路）的实验方法，检查各控制环节的动作是否正确。

注意：不要随意用外力使接触器或继电器动作，以防引起事故。

（3）逻辑分析法

逻辑分析法是根据电气控制电路工作原理、控制环节的动作程序以及它们之间的联系，结合故障现象进行具体分析，迅速地缩小检查范围，判断故障点的方法。逻辑分析法适用于辅助电路的故障检查。

（4）测量法

测量法通过利用校验灯、万用表、验电笔、蜂鸣器、示波器等仪器仪表对电路进行带电或断电测量，找出故障点。这是电路故障点查找的基本而有效的方法。

测量法注意事项：

1）用万用表电阻档和蜂鸣器检测电器元件及电路是否断路或短路时必须切断电路。

2）在测量时要看是否有并联支路或其他电路对被测电路有影响，以防产生误判断。

总而言之，电气控制电路的故障千差万别，要根据不同的故障现象综合运用各种方法，以求迅速、准确地找出故障点，及时排除故障。

扩展技能点学习：交流接触器、组合开关及三相笼型异步电动机的拆装

1. 交流接触器的拆装

操作步骤如下：

1）了解交流接触器的结构和组成，如图 1-2-17 所示，掌握其线圈、主触点、常开触点、常闭触点的符号、代号。

2）用万用表检测其线圈、主触点、常开常闭触点的好坏。

3）打开底板，取出静铁心。

4）取出缓冲弹簧和线圈。

5）取出反作用弹簧。

6）卸下主触点和常开常闭触点，取出动铁心。

7）组装上动铁心，安装好主触点和常开常闭触点。

8）装入反作用弹簧。

9）组装好线圈。

10）安装好缓冲弹簧，装好静铁心。

11）安装好底板。

12）通电检测其线圈、主触点、常开常闭触点的好坏。

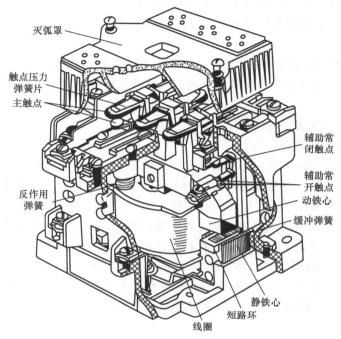

触点压力
弹簧片

灭弧罩

主触点

反作用
弹簧

辅助常
闭触点

辅助常
开触点

动铁心

缓冲弹簧

静铁心

短路环

线圈

图 1-2-17　交流接触器结构

2. 组合开关的拆装

操作步骤如下：

1）了解组合开关的结构和组成，如图 1-2-18 所示，掌握它的符号、代号。

2）用万用表检测其每相的通断情况。

3）拧下螺母，取出手柄和转轴（不要取下弹簧）。

4）取出凸轮和绝缘杆。

5）取出每层的绝缘垫板和触点。

6）放好底层的绝缘垫板，在对角线上放好触点。

7）分别放好中层和上层的绝缘垫板，并安装好触点。

8）安装好绝缘杆，放上凸轮。

9）将手柄和转轴放入，拧紧螺母。

10）用万用表检测其每相的通断情况。

3. 三相笼型异步电动机的拆装

（1）三相笼型异步电动机的拆卸

1）拆卸前的准备工作：为了确保维修质量，在拆卸前应准备好拆卸场地及拆卸电动机常用工具，在电动机接线头、端盖等处做好标记和记录，以

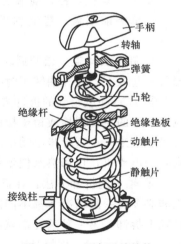

手柄

转轴

弹簧

凸轮

绝缘杆

绝缘垫板

动触片

静触片

接线柱

图 1-2-18　组合开关结构

43

便装配后使电动机能恢复到原来的状态；熟悉被拆电动机的结构特点、拆装要领及所存在的缺陷，做好标记。

拆卸前还应标出电源线在接线盒中的相序，标出联轴器或带轮与轴台的距离，标出机座在基础上的准确位置，标注绕组引出线在机座上的出口方向。

拆卸前还要拆除电源线和保护地线，并做好绝缘措施，拆下地脚螺栓，将电动机拆离基础并运至解体现场。

2）三相笼型异步电动机的拆卸顺序：切断电源→拆掉连接线→卸下地脚螺栓→卸下带轮或联轴器→卸下前轴承外盖和前端盖→卸下风罩和风扇叶→卸下后轴承外盖和后端盖→抽出或吊出转子。

3）主要零部件的拆卸方法如下。

① 带轮或联轴器的拆卸方法：

a. 在带轮正反面做好标记：用粉笔标记好带轮的正反面，以免安装时装反。

b. 标记尺寸：用尺子在联轴器或带轮的轴伸端做好尺寸标记，以便还原安装位置。

c. 取出定位螺钉或销子：将联轴器或带轮上的定位螺钉或销子取出。

d. 注油：在定位孔内注入煤油，避免因锈蚀而难以拆卸（注入煤油几小时后再卸）。

e. 卸下联轴器或带轮：装上拉具，将拉具的丝杠顶尖对准轴中心的顶尖孔，缓慢地旋转丝杠并且应始终保持丝杠与被拉物在同一轴线上，从而把带轮或联轴器慢慢拉出。注意事项：切忌硬拆；若拉不出，可用喷灯等急火在带轮轴套四周加热，使其膨胀就可拉出；拆卸过程中不能用木槌或坚硬的东西直接敲击联轴器或带轮，防止其碎裂或变形，必要时应垫上木板。

② 轴承盖和端盖的拆卸方法：

a. 做标记：在端盖与机座接缝处做好标记（前后端盖的记号应有区别），便于装配时复位。

b. 松开螺栓：松开前端盖上的紧固螺栓。

c. 卸下前端盖：垫上木板，用铜棒或木槌均匀敲打前端盖四周，使前端盖松动便于取下。

d. 卸下后端盖：松开后端盖的紧固螺栓，用木槌或铜棒轻轻敲打轴伸端，把转子和后端盖一起取下，往外抽转子时要注意不能碰定子绕组。

③ 风罩和风扇叶的拆卸方法：首先，把外风罩螺栓松脱，取下风罩；然后把转轴尾部风扇叶上的定位螺栓或销子松脱、取下，用铜棒或木槌在风扇叶四周均匀地轻敲，风扇叶就可松脱下来。小型异步电动机的风扇叶一般不用卸下，可随转子一起抽出。对于采用塑料风扇叶的电动机，可用热水使塑料风扇叶膨胀后卸下。

④ 轴承的拆卸方法：在拆卸轴承时，因轴颈、轴承内环配合度会受到不同程度的削弱，除非必要，一般情况下都不能随意拆卸轴承。轴承的拆卸可以在两个部位上进行。一种是在转轴上拆卸，另一种是在端盖内拆卸。轴承拆卸的常用方法如下：

a. 拉具拆卸：用拉具夹持轴承时，拉具的脚爪应紧扣在轴承内圈上，拉具的丝杠顶点要对准转子轴的中心孔，慢慢扳转丝杠，用力要均匀，丝杠与转子应保持在同一轴线上。用拉具拆卸轴承最方便，而且不易损坏轴承和转轴，使用时应根据轴承的大小选择合适拉具。

b. 放置在圆桶上进行拆卸：将轴承的内圈下面用两块铁板夹住，放置在一只内径略大于转子的圆桶上面，在轴的端面上垫上铜块，用木槌轻轻敲打，着力点对准轴承的中心，圆桶内放一些棉纱，以防轴承脱落时摔坏转子。当轴承逐渐松动时，用力要逐渐减弱。

c. 用细铜棒拆卸：用直径 18mm 左右的黄铜棒的一端顶住轴承内圈，用木槌敲打另一端，敲打时要在轴承内圈四周对称、轮流均匀地敲打，用力不要过猛，可慢慢向外拆下轴承，注意不要碰伤转轴。

d. 在端盖内拆卸：拆卸电动机时，可能遇到轴承留在端盖的轴承孔内的情况，此时可把端盖止口面向上，平放在两块铁板上或一个孔径稍大于外圈的金属棒上，用木槌轻轻敲打金属棒，将轴承敲出。

（2）三相笼型异步电动机的装配

三相笼型异步电动机修理后的装配顺序与拆卸时相反。装配时要注意拆卸时所做的那些标记，尽量按原标记复位。装配前应检查轴承滚动件是否转动灵活而又不松动。再检查轴承内与轴颈、外圈与端盖、轴承座孔之间的配合情况和表面粗糙度是否符合要求。装配的顺序及方法如下。

1）清洗轴承：用煤油把轴承、转轴和轴承室等处清洗干净，并用手转动轴承外圈，检查其是否灵活、均匀或有无卡住现象。再用汽油将其洗净，用干净的布擦干净待装。

2）轴承安装：可分为冷套和热套两种方法。

① 冷套法：把轴承套在轴颈上，用一段内径略大于轴径、外径小于轴承内圈直径的铁管，将铁管的一端顶在轴承内圈上，用锤子敲打铁管的另一端，把轴承敲进去。

② 热套法：如轴承配合较紧，可将轴承放在 80～100℃ 的变压器油中，加热 30～40min，趁热快速把轴承推到轴颈根部，加热时油要浸过轴承，温度不宜过高，加热时间也不宜过长，以免轴承退火。

3）装润滑脂：轴承的内外圈之间和轴承盖内要塞装润滑脂。润滑脂的塞装要均匀和适量，不要装得太满，否则在受热后容易溢出，装得太少则润滑期短。一般两极电动机装空腔容积的 1/3～1/2，四极以上的电动机应装空腔容积的 2/3，轴承内外盖的润滑脂一般为盖内容积的 1/3～1/2。

4）安装后端盖：将电动机的后端盖套在转轴的后轴承上，并保持转轴与后端盖相互垂直，用清洁的木槌或铜棒轻轻敲打，使轴承进入后端盖的轴承室内，拧紧轴承内、外盖的螺栓，螺栓要对称地逐步拧紧。

5）安装转子：把安装好的转子对准定子铁心的中心，小心地往里放，注意不要碰伤定子绕组线圈，当后端盖对准基座的标记时，用木槌将后端盖敲入机壳止口，拧上后端盖的螺栓，暂时不要拧得太紧。

6）安装前端盖：将前端盖对准基座的标记，用木槌均匀敲击端盖四周，使端盖进入止口，然后拧上端盖的紧固螺栓，最后按对角线顺序均匀地拧紧前、后端盖的螺栓，在拧紧螺栓的过程中，应边拧边转动转子，避免转子不同心或卡住。接下来是装前轴承内、外盖，先在轴承外盖孔插入一根螺栓，一手顶住螺栓，另一只手缓慢转动转子，轴承内盖也随之转动，用手感来对齐轴承内、外盖的螺孔，将螺栓拧入轴承内盖的螺孔，再将另两根螺栓逐步拧紧。

7）风扇叶及风罩的安装：在后轴端安装上风扇叶，再装好风罩。注意风扇叶安装要牢固，风扇叶的定位螺钉要拧到位，且不松动，不要与风罩有碰撞或摩擦。

8）带轮或联轴器的安装：将抛光布缠绕在圆木上，把带轮或联轴器的轴孔打磨光滑，用抛光布把转轴的表面打磨光滑，对准键槽把带轮或联轴器套装在转轴上，调整好带轮或联轴器与键槽的位置后，将木板垫在键的一端，轻轻敲打，使键慢慢进入槽内。安装大型电动机的带轮时，可先用固定支持物顶住电动机的非负载端和千斤顶的底部，再用千斤顶的底部将带轮顶入。

（3）装配后的检验

电动机装配完成后，应做如下检验：

1）检查电动机的转子转动是否轻便灵活，如转子转动比较沉重，可用纯铜棒轻敲端盖，同时调整端盖紧固螺栓的松紧程度，使转子转动灵活。

2）检查电动机的绝缘电阻值，用兆欧表摇测电动机定子绕组相与相之间、各相与机壳之间的绝缘电阻，其绝缘电阻值不能小于 $0.5M\Omega$。

3）根据电动机的铭牌标示检查电源电压接线是否正确，并在电动机外壳上安装好接地线，用钳形电流表分别检测三相电流是否平衡。

4）用转速表测量电动机的转速。

5）让电动机空转运行半小时后，检测机壳和轴承处的温度，观察振动和噪声。

（4）注意事项

1）拆卸带轮或轴承时，要正确使用拉具。

2）电动机解体前，要做好记号，以便组装。

3）端盖螺钉的松动与紧固必须按对角线顺序依次旋动。

4）不能用木槌直接敲打电动机的任何部位，只能用纯铜棒在垫好木板后再敲击。

5）抽出转子或安装转子时动作要小心，一边送一边接，不可擦伤定子绕组。

6）清洗轴承时，一定要将陈旧的润滑脂排出洗净，再适量加入牌号合适的新润滑脂。

7）电动机装配后，要检查转子转动是否灵活，有无卡阻现象。

8）电动机试转动前，应做绝缘检查。

【巩固与提高】

1. 什么是短路保护？短路保护器件安装在什么地方最合适？为什么？

2. 三相四线制线路中，是否允许安装熔断器？为什么？

3. 在本项目的主电路接线中，若误将 KM2 上端的 U、V 两根相线接反，会出现什么后果？为什么？

4. 带电气互锁的正反转控制电路中，在运行时发现有以下现象，请分析其原因。

1）合上电源开关，电动机立即正向起动，当按下停止按钮时，电动机停转；但一松开停止按钮，电动机又正向起动。

2）合上电源开关，按下正（反）转按钮，正转（或反转）接触器就不停地吸合与释放，电路无法工作，松开按钮时，接触器不再吸合。

3）合上电源开关，正向起动与停止控制均正常；但在反转控制时，只能实现起动控制，不能实现停止控制，只有拉断电源开关，才能使电动机停转。

5. 思考：无论是带接触器互锁的正反转控制电路还是带按钮互锁的正反转控制电路，若是接触器的触点发生熔焊或来不及反应，或是按钮出现故障，将很可能出现电源短路的现象，为避免这种情况可怎样将本项目的电气原理图进行改进？

子项目 1－3　送料小车自动往返运行控制

【任务描述】

有些电气设备，如大型机床、起重运输机等，为了操作方便，常要求能在几个地点对同一台电动机进行控制（多地控制）或是到达某个地点时能够转换控制方式。送料小车在传送物料时，常要求不仅可以点动或单向连续运行，还可以往返运送，如可将物料传送到多个地方，或者是在多个地方控制送料小车，如图 1-3-1 所示。

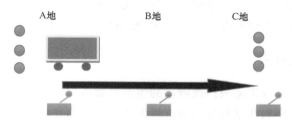

图 1-3-1　送料小车多地控制示意图

送料小车的往返运行控制可分为两种情况，一种情况是在多个不同的地点分别装有起动和停止按钮，在任意一个地点都能控制送料小车起动和停止。还有一种情况是在多个地点设置行程开关或接近开关，控制送料小车的转向。通过行程开关控制送料小车自动往返运行如图 1-3-2 所示，送料小车（工作台）从 A 地运行到 B 地后，因为 B 地设置有相应的开关，碰到适当的开关，就能够自动地转换送料小车的行进方向。若是在自动运行状态，返回 A 地时，碰到相应的开关后送料小车也能离开 A 地，继续朝 B 地运行。同时，行程开关还可以作为控制电路通断的对象。

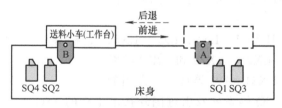

图 1-3-2　通过行程开关控制送料小车自动往返运行

【任务目标】

知识目标：

1. 理解多地控制的含义和行程开关的应用；
2. 理解触点在自动往返运行控制中的应用；
3. 理解自动往返运行控制的电气原理；
4. 初步了解电气控制原理的设计方法。

能力目标：

1. 能够初步进行多地控制的扩展；
2. 能够设计简单的电气原理图；
3. 能进行电气原理图与安装接线图的绘制；
4. 能够与相关人员进行交流，并解决遇到的问题。

【完成任务的计划决策】

送料小车的往返运行控制方式很多，可以通过行程开关自动控制，也能在不同的地点进行控制，如两地控制起停（在此基础上可类推三地控制、四地控制）。

本项目通过行程开关控制送料小车，如图 1-3-2 所示。其主要的控制过程是按下起动按钮，送料小车可前进或后退，当前进碰到行程开关 SQ1 或后退碰到行程开关 SQ2 时，送料小车即可进行反向运动，当碰到行程开关 SQ3 或 SQ4 时，送料小车即可停止。

知识点学习 1：行程开关

在许多场合人们常常希望能根据被带动的生产机械所在的不同位置而改变电动机或传动动力部件的工作情况，例如在某机床上的直线运动部件，当它们到达其边缘位置时，常要求能自动停止或反向运动。另外，在某些情况下，要求在生产机械行程中的个别位置上，能自动改变生产机械的运动速度。类似上述这些要求，可以利用行程开关来实现。

行程开关又叫限位开关或位置开关，其原理和按钮相同，只是靠机械运动部件的挡铁碰压行程开关而使其常开触点闭合，常闭触点断开，从而对控制电路发出接通、断开的转换命令。其作用是能将机械位移转变为电信号，以控制机械运动，主要用于控制生产机械的运动方向、行程的长短和限位保护。

行程开关按结构可分为直动式行程开关、滚轮式行程开关、微动开关和接近开关；按运动形式分为直动式、转动式。行程开关的文字符号为 SQ，图形符号如图 1-3-3 所示。

常用的行程开关有 JLXK1、LX2、LX3、LX5、LX12、LX19A、LX21、LX22、LX29 和 LX32 等系列。常用的微动开关有 LX31、JW 等系列。常用的

a) 常开触点　　b) 常闭触点　　c) 复合触点

图 1-3-3　行程开关符号

接近开关有 LJ、CWY、SQ 等系列及引进国外技术生产的 3SG 系列等。LX19 系列型号含义如下：

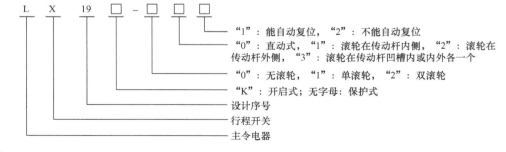

"1"：能自动复位，"2"：不能自动复位
"0"：直动式，"1"：滚轮在传动杆内侧，"2"：滚轮在传动杆外侧，"3"：滚轮在传动杆凹槽内或内外各一个
"0"：无滚轮，"1"：单滚轮，"2"：双滚轮
"K"：开启式；无字母：保护式
设计序号
行程开关
主令电器

1. 直动式行程开关

优点是结构简单，成本低。缺点是其触点的通断速度取决于生产机械的运动速度，当运动速度低于 0.4m/min 时，触点通断速度太慢，电弧存在的时间长，触点的烧蚀严重。直动式行程开关如图 1-3-4 所示。

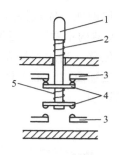

a) 直动式行程开关外形图　　　　b) 直动式行程开关内部结构

图 1-3-4　直动式行程开关

1—顶杆　2—复位弹簧　3—静触点　4—动触点　5—触点弹簧

2. 滚轮式行程开关

为克服直动式行程开关的缺点，可采用能瞬时动作的滚轮式行程开关。滚轮式行程开关可分为单滚轮式和双滚轮式，适用于低速运动的机械。图 1-3-5 为滚轮式行程开关结构示意图。如图 1-3-5 所示，单滚轮式行程开关的工作原理为当滚轮 1 受向左外力作用后，推杆 4 向右移动，并压缩右边弹簧 10，同时下面的滚轮 5 也很快沿着擒纵件 6 向右滚动，小滚轮滚动又压缩弹簧 9，当滚轮 5 滚过擒纵件 6 的中点时，盘形弹簧 3 和弹簧 9 都被擒纵件 6 迅速转动，从而使动触点迅速地与右边静触点分开，并与左边静触点闭合。外力作用消失后，行程开关复位。

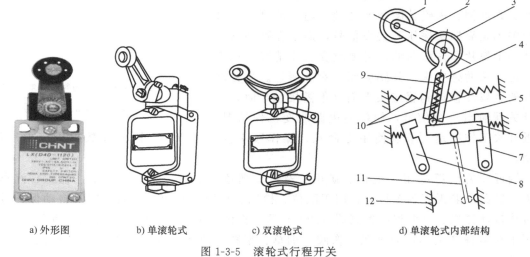

a) 外形图　　　b) 单滚轮式　　　c) 双滚轮式　　　d) 单滚轮式内部结构

图 1-3-5　滚轮式行程开关

1—滚轮　2—上转臂　3—盘形弹簧　4—推杆　5—小滚轮　6—擒纵件　7、8—压板
9—弹簧　10—弹簧　11—动触点　12—静触点

双滚轮式行程开关和单滚轮式行程开关工作原理不同，具有两个稳态方向，不能自动复位，当挡铁压其中一个滚轮时，其触点瞬时切换，挡铁离开滚轮后，触点不复位。当部件返回时，挡铁碰动另一只滚轮，触点才再次切换。

3. 微动开关

微动开关是可以瞬时动作和具有微小行程的灵敏开关。微动开关采用弓簧的瞬动机构，依靠弓簧发生变形时存储的能量完成快速动作。

图 1-3-6 为微动开关结构示意图。当推杆 6 因机械作用力而被压下时，弓簧 2 产生机械变形，储存能量并产生位移，当达到临界点时，弓簧连同桥式动触点瞬时动作。当外力失去后，推杆在弓簧作用下迅速复位，触点恢复原来状态。微动开关采用瞬动结构，触点换接速度不受推杆压下速度的影响。

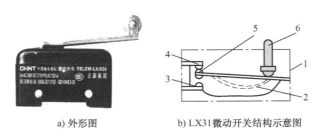

a) 外形图　　　　　　　　b) LX31微动开关结构示意图

图 1-3-6　微动开关

1—壳体　2—弓簧　3—常开触点　4—常闭触点　5—动触点　6—推杆

4. 接近开关

接近开关又称无触点行程开关，它除可以完成行程控制和限位保护外，还是一种非接触型的检测装置，当物体与之接近到一定距离时就发出动作信号。其电气符号如图 1-3-7 所示。

接近开关按照原理分为高频振荡型、感应型、电容型、光电型、永磁及磁敏元件型、超声波型等。这类开关不是靠挡块碰压开关发信号，而是在移动部件上装一金属片，在移动部件需要改变工作情况的地方装接近开关的感应头，其感应面正对金属片。当移动部件的金属片移动到感应头上面（不需接触）时，接近开关就输出一个信号，使控制电路改变工作情况。

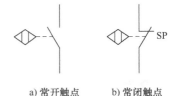

a) 常开触点　　　b) 常闭触点

图 1-3-7　接近开关的电气符号

接近开关工作稳定可靠、使用寿命长、操作频率高、体积小，因此在数控机床上广泛使用。

接近开关广泛应用于机械、矿山、造纸、烟草、塑料、化工、冶金、轻工、汽车、电力、铁路及航天等各个行业，用于限位、检测、计数、测速、液面控制及自动保护等，也可连接计算机、可编程序控制器（PLC）等，作传感头用。特别是电容式接近开关还可适用于对多种非金属，如纸张、橡胶、烟草、塑料、液体、木材及人体进行检测，应用范围极广。

【实施过程】

一、送料小车的自动往返运行控制方式分析

（一）送料小车的三地起停控制方式

三地起停控制就是分别在三个地方安装有起动按钮和停止按钮，三个地方都能控制起动和停止，如图1-3-8所示，起动按钮为SB2、SB4、SB6中任意一个，都能使线圈KM得电，带动电动机得电，停止按钮为SB1、SB3、SB5中任意一个，都能使线圈KM断电，从而使电动机断电。

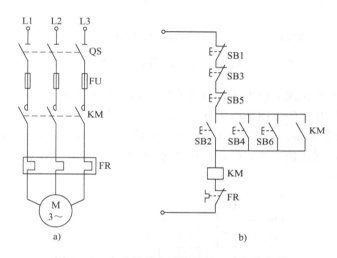

图1-3-8 电动机单向连续运行三地起停控制

学习案例：两地起停控制和多条件控制。

图1-3-9所示为电动机的两地起停控制和多条件控制，图1-3-9a为主电路；图1-3-9b为两地起停控制电路，起动按钮为SB3、SB4，停止按钮为SB1、SB2；图1-3-9c为多条件控制电路，可假设SB1、SB2、SA1～SA4是多个地方的条件开关，只有满足相应的条件才能进行相应的动作。

由图1-3-9b分析可知，多地起停控制的特点是各个地方的起动按钮常开触点并联，停止按钮常闭触点串联。

思考：三地控制电动机的正反转的电路应怎样设计？

（二）行程开关实现送料小车自动往返运行控制电路

行程开关或接近开关在各个地点的作用可能是不同的，可能是断开电路也可能是接通电路，接近开关和某些设备配合甚至可以对物料进行计数。

学习案例：行程开关在限位控制电路中的应用。

限位控制电路的作用是使电动机所拖动的运动部件达到规定位置后自动停止，然后按返回按钮使机械设备返回到起始位置后自动停止。

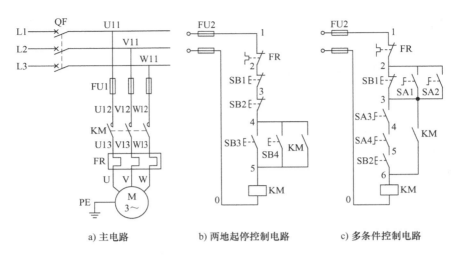

a) 主电路   b) 两地起停控制电路   c) 多条件控制电路

图 1-3-9 电动机的两地起停控制与多条件控制

停止信号是由安装在规定位置的行程开关发出的,当运动部件到达规定的位置,其挡铁压下行程开关,行程开关的常闭触点断开,发出停止的信号。

1) 限位断电控制电路。如图 1-3-10 所示,按下 SB2,KM 线圈通电自锁,电动机带动生产机械运动部件,到达预定地点时,行程开关 SQ 动作,KM 线圈断电,电动机停转,生产机械运动部件停止运动。

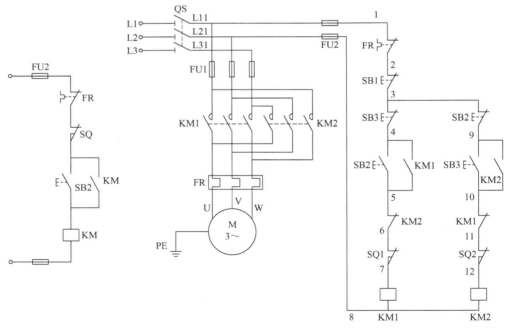

a) 行程开关单向限位断电控制电路   b) 行程开关双向限位断电控制电路

图 1-3-10 限位断电控制电路

故障设置：若运动到规定位置不能停止，原因是什么？

2）限位通电控制电路。当生产机械的运动部件运动到预定地点时，行程开关 SQ 动作，使 KM 线圈通电，如图 1-3-11 所示，图 1-3-11a 为点动控制，图 1-3-11b 为长动控制。

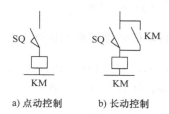

a) 点动控制   b) 长动控制

图 1-3-11   限位通电控制电路

二、行程开关控制送料小车两地自动往返运行的主电路设计

参考图 1-3-2 所示送料小车（工作台）自动往返运行示意图，送料小车的自动往返运行和电动机的正反转是相通的，假设前进时，电动机正转，后退时，电动机反转，和子项目 1-2 比较类似，可以在主电路中采用转换开关（倒顺开关），也可以采用两个接触器分别控制电动机的正反转，若是长期连续运行，建议采取两个接触器分别控制好些，如图 1-3-12 所示，用两个接触器进行两相的换相。

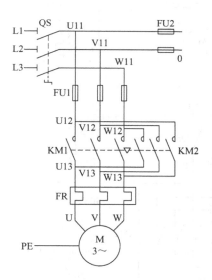

图 1-3-12   自动往返运行主电路

三、行程开关控制送料小车两地自动往返运行的控制电路设计

根据图 1-3-2 分析其控制过程，可知在床身两端应固定有行程开关 SQ1、SQ2，用来表明加工的起点与终点。在送料小车上安装有撞块 A 和 B，随送料小车一起移动，分别压下 SQ2、SQ1，来改变控制电路状态，实现电动机的正反向运转，拖动送料小车实现送料小车的自动往返运行。SQ3 为正向限位开关，SQ4 为反向限位开关。

设计时应从基本的单向连续运行电路出发，在此基础上进行电路的改进。如图 1-3-13a 所示，因为碰到 SQ1 和 SQ2 可以直接在前进和后退之间转换，且将正在进行的电路断开，故将其常开触点 6—7、9—10 和前进与后退的起动按钮并联，将常闭触点 5—9 和 5—6 串联到对方电路中。图 1-3-13 中列出了两种控制方式，采取了两种不同的互锁方式。

四、行程开关控制送料小车自动往返运行电气控制电路的安装

在进行电气控制电路安装前，依次列出相应的电器元件明细表，绘制电器元件布置图和安装接线图等，再进行电路的安装、运行与调试，选用电气原理图如图 1-3-13a 所示。

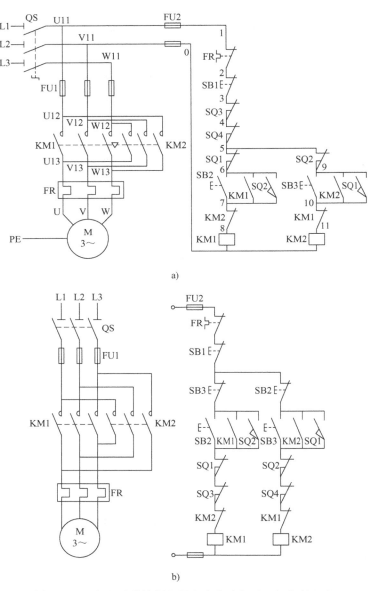

图 1-3-13　行程开关控制送料小车自动往返运行控制电路

（一）电器元件明细表

电器元件明细表详见表 1-3-1。

表 1-3-1　电器元件明细表

符　号	名　　称	型号及规格	数　量	用　途	备　注
M	三相交流异步电动机	Y112M-2 380V 0.75kW	1		
SB1	停止按钮	LA4-3H	1	停止电动机	
SB2	前进起动按钮	LA4-3H	1	正转起动电动机	
SB3	后退起动按钮	LA4-3H	1	反转起动电动机	
FU1	主电路熔断器	RL1-60/20	3	主电路短路保护	
FU2	控制电路熔断器	RL1-15/2	3	控制电路短路保护	
KM1	交流接触器	CJ20-10 380V	1	控制电动机正转	
KM2	交流接触器	CJ20-10 380V	1	控制电动机反转	
QS	组合开关	HZ10-25/3	1	电源的引入分断	
SQ2	后退行程开关	YBLX-K1/411	1	小车（工作台）后退转向	
SQ1	前进行程开关	YBLX-K1/411	1	小车（工作台）前进转向	
SQ4	后退限位行程开关	YBLX-K1/411	1	小车（工作台）后退停止	
SQ3	前进限位行程开关	YBLX-K1/411	1	小车（工作台）前进停止	
	绝缘导线	BV1.5mm²		主电路接线	
	绝缘导线	BVR0.75mm²		控制电路接线	
	木质板	400mm×600mm		安装电路	
	木螺钉		适量	紧固作用	
XT	端子排	TB-1512	1	连接	
XT	端子排	TB-2512L	1	连接	

（二）所需工具器材

所需工具器材有各类常用电工工具（螺钉旋具、钳子、验电笔、剥线钳等）、万用表、电器安装底板、端子排、BV1.5mm² 和 BVR0.75mm² 绝缘导线、熔断器、交流接触器、组合开关、按钮、三相交流异步电动机 1 台、行程开关 4 个等。

（三）元件质量检测

1. 外观检测

同前项目。

2. 用万用表检测

用万用表检测行程开关：将万用表调至欧姆档，倍率为 100 或 1k，将红黑表笔分别搭接在其常开触点两端，电阻应为∞，搭在常闭触点两端，电阻应为 0；强行按下其杠杆后，常开触点闭合，电阻值应变为 0，常闭触点分断，电阻应变为∞。

其他元件质量检测方法同上项目。

（四）绘制电器元件布置图和安装接线图

1）绘制电器元件布置图，如图 1-3-14 所示。

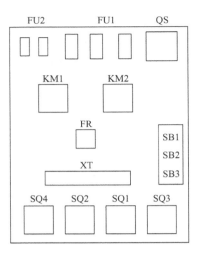

图 1-3-14　电器元件布置图

2）根据电气原理图、电器元件布置图和电气原理图中编号，查找对应元件，画出安装接线图，如图 1-3-15 所示。

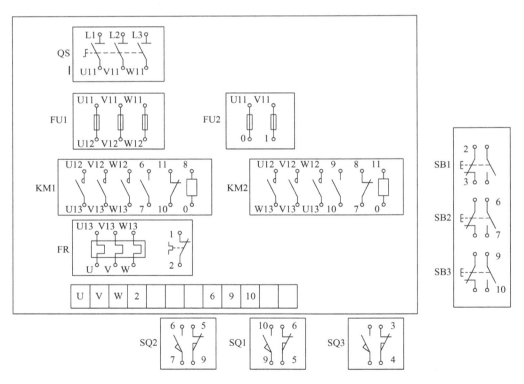

图 1-3-15　安装接线图

（五）送料小车自动往返运行控制电路安装要点

安装要点同上项目。

注意：

（1）行程开关必须安装在合适的位置上，手动控制工作台或受控机械进行实验均可，也可将行程开关安装在电器底板下方两侧进行手控模拟实验。

（2）电动机的 U1、V1、W1 通过端子排与热继电器的触点相连，而 U2、V2、W2 应短接。

知识点学习 2：绘制和识别电气控制系统图

电气控制系统图一般有三种：电气原理图、电气安装接线图与电器元件布置图。

电气控制系统图是根据国家电气制图标准，用规定的图形符号、文字符号以及规定的画法绘制的。它清晰地表达了设备电气控制系统的组成结构、设计意图，系统工作原理及安装、调试和检修控制系统等技术要求。

1．电气原理图

电气原理图是根据电气控制系统的工作原理，采用电器元件展开的形式，利用图形符号和项目代号来表示电路各电器元件中导电部件和接线端子的连接关系及工作原理。电气原理图并不按电器元件实际布置来绘制，而是根据它在电路中所起的作用画在不同的部位上。

（1）电气原理图的图形符号和文字符号

1）图形符号：图形符号用于表示一个设备或概念的图形、标记或字符。例如"～"表示交流。

2）文字符号：文字符号是用来表示电气设备、装置和元件种类的字母代码和功能字母代码。

① 基本文字符号：基本文字符号有单字母符号与双字母符号两种。

② 辅助文字符号：辅助文字符号用以表示电气设备、装置和元件以及电路的功能、状态和特征。

③ 补充文字符号：补充文字符号用于基本文字符号和辅助文字符号在使用中仍不够用时进行补充，但要按照国家标准中的有关原则进行。

（2）绘制电气原理图的原则

电气原理图的绘制原则由国家标准给出。它具有结构简单、层次分明的特点，适于研究和分析电路工作原理，在设计研发和生产现场等各方面得到广泛的应用。

1）主电路是从电源到电动机绕组的大电流通过路径，用粗实线来画；控制电路由按钮、接触器和继电器的线圈、各种电器的动合（常开）、动断（常闭）触点组合构成控制逻辑，实现需要的控制功能，是弱电流通过的部分，用细实线来画。主电路、控制电路和其他辅助的信号电路、照明电路、保护电路一起构成电气控制系统电气原理图。

2）各电器元件不画出实际的外形图，而采用统一的图形符号来画并按统一的文字符号来标注。电气原理图上应标出各个电源电路的电压值、极性或频率及相数；某些元件的特性（如电阻、电容的数值，熔断器、热继电器和断路器的额定电流，导线的截面积等）；不常用电器（如位置传感器、手动触点等）的操作方式和功能。

电器元件的可动部分通常表示在电器非激励或不工作的状态和位置；二进制逻辑元件应是置零时的状态；机械开关应是循环开始前的状态。

3）电气原理图上各电路的安排应便于分析、维修和寻找故障。原理图应按功能分开画出，从左到右依次是主电路、控制电路、辅助电路。

4）主电路的电源电路绘成水平线，受电的动力装置（电动机）及其保护电器支路应垂直于电源电路画出。三相交流电源相序 L1、L2、L3 自上而下依次画出。中性线 N 和保护线 PE 依次画在相线之下。直流电源的"＋"画在上边，"－"画在下边，电源开关要水平画出。控制和信号电路应垂直地绘在两条或几条水平电源线之间。耗能元件（如线圈、电磁铁、信号灯等）应位于直接接地的水平电源线上。控制触点应连在另一电源线。

5）为阅图方便，图中自左至右或自上而下表示操作顺序，并尽可能减少线条和避免线条交叉。若有交叉，应在交叉部位画黑圆点来表示电连接。

6）为了便于读图和检索，电气原理图上方将图分成若干图区，叫用途区，并标明该区电路的用途与作用；在下方划分图区，用阿拉伯数字从左到右编写，叫数字区；在较复杂的电气原理图中，在继电器、接触器线圈文字符号下方标注触点位置的索引。索引用图号、页号、图区号编号的组合表示，索引代号按"图号/页号．图区号"的格式标注，例图 1-3-16 中的索引代号用图区号表示。继电器线圈下方的索引说明：

左　　栏	右　　栏
常开触点所在的图区号	常闭触点所在的图区号

（3）电气原理图导线编号

电气原理图导线编号举例如图 1-3-16 所示。应对电路中各个连接点的导线用字母或数字编号。

① 主电路在电源开关的出线端按相序依次编号为 U11、V11、W11 等，然后按从上到下、从左往右的顺序，每经过一个电器元件后，编号要依次递增，如 U12、V12、W12，U13、V13、W13 等。单台电动机或设备的 3 根引出线按相序编为 U、V、W。多台电动机可在字母前用不同的数字加以区别，如 1U、1V、1W、2U、2V、2W 等。

② 控制电路和辅助电路编号按"等电位"原则从上至下、从左至右用数字依次编排，每经过一个电器元件后，编号依次递增。控制电路编号的起始数字必须是 1，其他辅助电路编号的起始数字依次递增 100，如照明电路编号从 101 开始，指示电路编号从 201 开始等。

2. 电气安装接线图

电气安装接线图是电路配线安装或检修的工艺图样，它是用标准规定的图形符号绘制的实际接线图。电气安装接线图清晰地表示了各电器元件的相对位置和它们之间的连接电路。

绘制、识读电气安装接线图应遵循以下原则：

1）电气安装接线图中一般示出如下内容：电气设备和电器元件的相对位置、文字符号、端子号、导线号、导线类型、导线截面积、屏蔽和导线绞合等，如图 1-3-17 所示。

2）各电器元件均按实际安装位置绘出，元件所占图面尺寸最好按实际尺寸以统一比例绘制。

3）一个元件中所有的带电部件均画在一起，并用点画线框起来，即采用集中表示法。

4）同一电器元件各部分的标注与电气原理图一致，并符合国家标准，以便对照检查接线。

5）各电器元件上凡是需接线的部件其端子都应绘出，并予以编号，各接线端子的编号必须与电气原理图上的导线编号相一致。

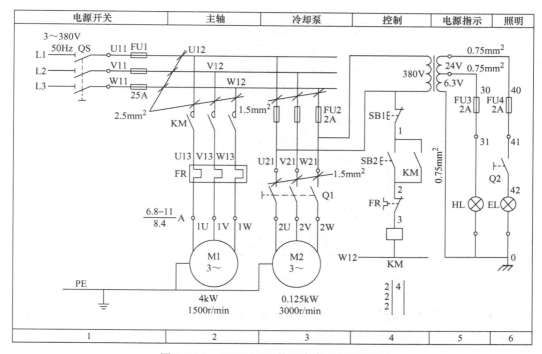

图 1-3-16　CW6132 型普通车床电气原理图

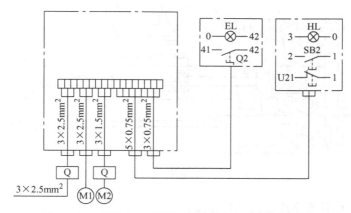

图 1-3-17　CW6132 型普通车床部分电气安装接线图

6）电气安装接线图中的导线有单根导线、导线组、电缆等，可用连续线表示，也可用中断线表示。走向相同的导线可以合并而用线束表示，但当其到达接线端子板或电器元件的连接点时应分别画出。图中线束一般用粗实线表示。另外，导线及穿管的型号、根数和规格应在其附近标注清楚。

3. 电器元件布置图

电器元件布置图用来详细表明电气原理图中各电气设备、元件的实际安装位置，为电气控制设备的制造、安装与维修提供必要的资料，如图 1-3-18 所示。

电器元件布置图可根据电气控制系统复杂程度集中绘制或单独绘制。图中各电器元件代

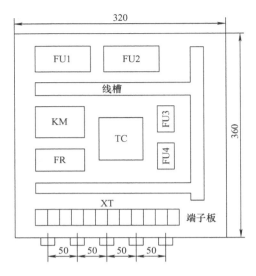

图 1-3-18　CW6132 型普通车床电器元件布置图

号应与有关电路原理图和电器元件明细表上所有元件代号相同。该图主要是用来表示成套设备上所有电器的实际位置的一种图。图 1-3-19 为 CW6132 型普通车床设备布置图。

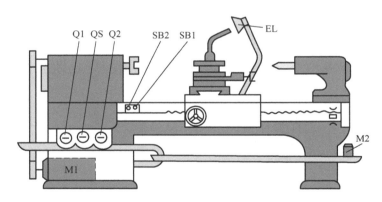

图 1-3-19　CW6132 型普通车床设备布置图

绘制电器元件布置图应注意以下几方面：

1) 体积大和较重的电器元件应安装在电器安装板的下方，而发热元件应安装在电器安装板的上面。

2) 强电、弱电应分开，弱电应屏蔽，防止外界干扰。

3) 需要经常维护、检修、调整的电器元件安装位置不宜过高或过低。

4) 电器元件的布置应考虑整齐、美观、对称。外形尺寸与结构类似的电器安装在一起，以利安装和配线。

5) 电器元件布置不宜过密，应留有一定间距。如用走线槽，应加大各排电器间距，以利于布线和维修。

实际应用中，电气原理图、电气安装接线图和电器元件布置图常被结合使用。

【项目检查与评估】

一、安装电路的检测

（一）电路静态检测

1. 检测主电路

接线完毕，确认无误后，在不接通电源的状态下对主电路进行检测。

按下 KM1 主触点，万用表置于电阻档，测主触点两端，测得各相电阻应基本相等且近似为 0；松开 KM1 主触点，强行闭合 KM2 主触点，用万用表测得各相电阻应基本相等且近似为 0（注意测 KM2 主触点时 U 相和 W 相已换相）。

2. 检测控制电路

1）可将两万用表笔分别搭在 FU2 的两个出线端 0、1 之间，这时万用表的读数应为无穷大，按下前进起动按钮 SB2（或后退按钮 SB3）时，万用表的读数应为交流接触器线圈的直流电阻值，为 1200～1500Ω，松开 SB2（或 SB3），万用表读数应为无穷大。也可按下 SB2（或 SB3）的同时，再按下 SB1，万用表读数应为无穷大。

2）控制电路自锁检测：按下 KM1（或 KM2）的触点架，使其自锁的辅助常开触点闭合，将万用表笔搭在 FU2 的两个出线端 0、1 之间，万用表的读数应为交流接触器线圈的直流电阻值，再按下 SB1（注意此时按下 KM1 或 KM2 的触点架没松开），万用表读数应为无穷大。

3）电气互锁检测：同时按下 KM1 和 KM2 的触点架，KM1 和 KM2 的联锁触点分断，万用表指针稍偏转立即指向无穷大。

4）行程开关接线检测：按下 SQ1（或 SQ2），万用表的读数应为交流接触器线圈的直流电阻值，再按下 SQ3（或 SQ4）（注意此时 KM1 或 KM2 的触点架无动作），万用表读数应为无穷大。

5）停车检测：按下 SB2（SB3）、KM1（KM2）触点架或 SQ2（SQ1），万用表笔接在 0、1 之间，万用表读数应为交流接触器线圈的直流电阻值；同时按下停止按钮 SB1，万用表读数应变为无穷大。

（二）电路动态检测并通电试车运行

1）送料小车自动往返运行工作过程分析。图 1-3-20 为起动过程分析，图 1-3-21 为换向过程分析，图 1-3-22 为停车过程分析。注意 SQ3、SQ4 为终端保护开关，其作用和停止按钮作用相同，不再作分析。

2）其余注意事项同子项目 1-2。

二、电路故障的检修

电路故障的检修与上一项目类似，下面仅针对行程开关可能出现的问题进行分析，请同学自行补充完成表 1-3-2。

电动机正转带动送料小车向右移动，当移动到右端行程开关SQ1时：

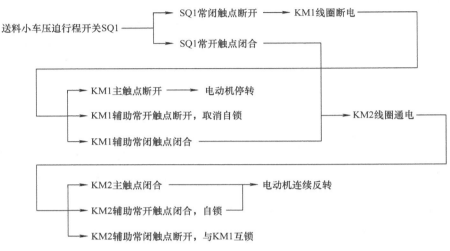

图 1-3-20　起动过程分析

电动机反转带动送料小车向左移动，当移动到左端行程开关SQ2时：

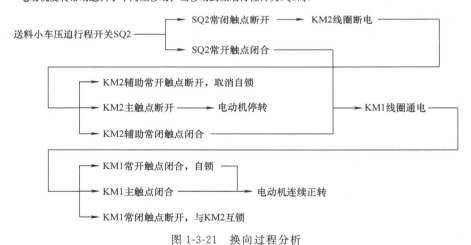

图 1-3-21　换向过程分析

按下SB1 ⟶ KM1(或KM2)线圈断电 ⟶ KM1(或KM2)辅助常开触点断开
KM1(或KM2)主触点断开 ⟶ 电动机停转(送料小车停止移动)
KM1(或KM2)辅助常闭触点闭合

图 1-3-22　停车过程分析

表 1-3-2 送料小车自动往返运行控制电路故障分析

序 号	故 障 现 象	故 障 范 围	排 除 方 法
1	送料小车左移或右移起动均正常，但送料小车左移至左极限位置后不能自动换向右移	可能是行程开关 SQ2 元件故障	断开 QS，将万用表的一只表笔放在 SQ2 的进线端，另一只表笔放在 SQ2 的出线端
2			
3			
4			
5			

【项目总结】

学生进行自评和互评，教师进行点评和总结。评价标准表见表 1-1-5 三相异步电动机控制电路评分标准。

【巩固与提高】

1. 在图 1-3-13 中若不使用 SQ3、SQ4 行不行？为什么？

2. 案例设计：送料小车的定点控制电气系统。

要求：小车从 A 地可运行到 B 地或 C 地，当按下起动按钮时可直接从 A 地运行到 B 地，若是检测到 B 地的运行开关到位，则按下起动按钮可由 A 地直接到 C 地，按下停止按钮则小车停止。

项目二 水泵运行系统的设计、安装与调试

子项目 2–1 两台水泵电动机的顺序控制

【任务描述】

在酒类生产线中，经常会看到水泵在混合液体，然后将混合好的液体释放出来，现场大都是两个以上水泵，在一些小区中也会备有高处水泵以备不时之需。在酒类生产过程中通常是将多种配料放到水泵中后，由一水泵电动机进行相应的搅拌，然后传送到其他地方。也可控制水泵电动机，当液体的高度达到某一个高度时，水泵开始进液体或放液体。通常一条生产线至少有两个甚至更多的水泵依次起动。某工厂水泵工作示意图如图 2-1-1 所示。

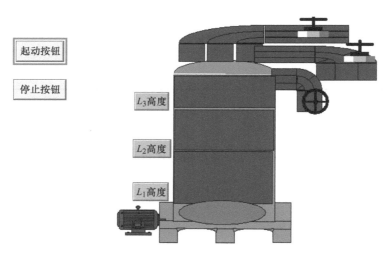

图 2-1-1 某工厂水泵工作示意图

顺序控制是指按照生产工艺预先规定的顺序，各个执行机构自动有秩序地操作。水泵电动机的顺序控制是指在控制电路中反映出多台电动机之间的起动顺序和停止顺序。

两台水泵电动机顺序起动，就是按下起动按钮后，第一台水泵电动机先起动，第一台起动后按下第二台水泵电动机的起动按钮，第二台水泵电动机才起动，停止时可单独停止也可分别停止。

【任务目标】

知识目标：

1. 理解顺序控制的含义；
2. 掌握顺序控制中触点的应用；
3. 理解通过按钮进行顺序控制的原理；
4. 理解不同的顺序控制种类和其电气控制原理。

能力目标：

1. 能够正确地识读顺序控制电气原理图；
2. 能够正确区分不同的顺序控制；
3. 能够正确地进行顺序控制电路的连接；
4. 能够进一步掌握系统的接线方法和调试方法；
5. 能够初步识别电气控制系统中的缺陷。

【完成任务的计划决策】

两台水泵电动机顺序控制的方式很多，可以采用接触器或继电器的触点进行顺序控制，也可以采用时间继电器或中间继电器等元件进行顺序控制，考虑到学生的基础和吸收性，首先介绍用触点进行顺序控制，通过两台水泵电动机顺序控制的讲解可以类推到三台电动机甚至更多台电动机的顺序控制。

在用触点来控制两台水泵电动机顺序起停时，可以采取顺序控制方式，也可以采取逆序控制方式，顺序控制指第一台水泵电动机先起动，然后第二台水泵电动机才能起动，依此类推；逆序控制可以出现在起动中，也可出现在停止中，如第二台电动机先停止后第一台电动机才能停止。

【实施过程】

一、水泵电动机的顺序控制方式分析

在实际工作中，常常会遇到多台电动机的控制，如图 2-1-2 所示。如在起动主轴电动机后，还要起动辅助电动机。再如在 CA6130 型普通车床的控制电路中，设有主电动机和冷却电动机，采用的就是一种顺序控制方式，先起动主电动机，然后再起动冷却电动机，系统就可进行切削加工。顺序控制方式有手动和自动两种。顺序控制电路主要包括顺序起动同时停止和顺序起动顺序停止（含逆序）两种基本方式。

以两台水泵电动机（M1、M2）为例，第一种方式是按下起动按钮，要求 M1 起动后，M2 才能起动，M1 停止后，M2 立即停止，M1 运行时，M2 可以单独停止。

第二种方式是按下起动按钮，要求 M1 起动后，M2 才能起动，M2 停止后 M1 才能停止。过载时两台水泵电动机同时停止。

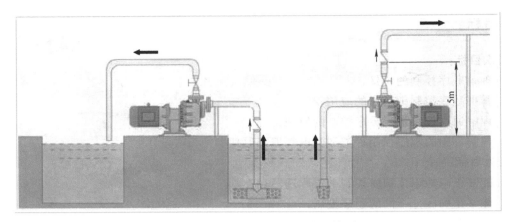

图 2-1-2　两台水泵电动机控制示意图

二、两台水泵电动机顺序控制的主电路设计

两台水泵电动机顺序控制的主电路要分别控制两台三相异步电动机，故三相电源应该分别接到两台水泵电动机上，如图 2-1-3a 所示，KM1、KM2 的主触点分别控制 M1 和 M2 两台水泵电动机，也可采取在主电路实现顺序控制，如图 2-1-3b 所示。

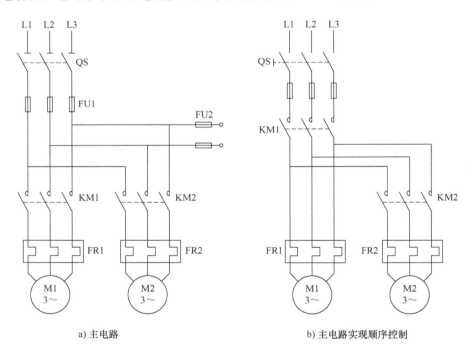

a) 主电路　　　　　　　　　　　　　　　　b) 主电路实现顺序控制

图 2-1-3　两台水泵电动机顺序控制主电路

因为水泵电动机为连续运行，故需要进行相应的长期过载保护，在主电路中采用了组合开关控制电源通断，同时采用热继电器进行热过载和断相保护，采用熔断器进行电路的短路保护。

知识点学习 1：低压断路器

　　低压断路器相当于刀开关、熔断器、热继电器和欠电压继电器等的组合，是一种既有手动开关作用又能进行欠电压、失电压、过载和短路保护的电器。正常工作时，可以人工操作接通或切断电源与负载的联系，当出现短路、过载、欠电压等故障时能自动切断故障电路。

　　低压断路器按照极数分为单极、双极、三极和四极断路器四种；按保护形式分为过电流脱扣器、热脱扣器、复式脱扣器、分励脱扣器、欠电压脱扣器和无脱扣器六种；按结构形式分为塑壳式和框架式（框架式容量大，工作电流在 600A 以上）。它可用于电源电路、照明电路、电动机主电路的分合及保护。

　　图 2-1-4 为低压断路器图形及文字符号，图 2-1-5 为 DZ47－63 系列低压断路器的工作原理和实物图。

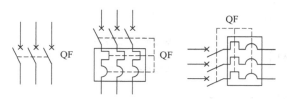

图 2-1-4　低压断路器图形及文字符号

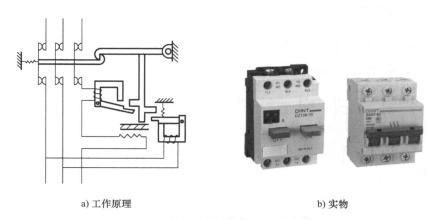

a) 工作原理　　　　　　　　　　　　　　　　b) 实物

图 2-1-5　低压断路器工作原理和实物图

三、两台水泵电动机顺序控制的控制电路设计

　　本项目顺序控制电路主要采取的是第一台电动机起动后，第二台电动机才能起动，M1 停止后，M2 立即停止。

　　首先考虑到热继电器不仅在主电路保护电动机的定子绕组，还有相应的辅助触点在控制电路中起到保护作用，所以将两个热继电器的常闭触点串接到电路中，如果有一个电动机过载，则两台电动机都停止，如图 2-1-6a 所示；也可将两个热继电器的常闭触点分别串在两个电动机的顺序电路中。

同时在电路中设置了一个总停按钮 SB1，可同时停止两台水泵的运行，如图 2-1-6b 所示。

a) 两台电机的热过载保护　　b) 添加总停按钮

图 2-1-6　设置热过载保护和总停按钮

后面的设计中，在前面学习的单向连续运行控制电路的基础上，分别设置第一台水泵电动机的起动按钮 SB2 和第二台水泵电动机的起动按钮 SB4，为了体现顺序控制必须在第二台的控制电路中串联接入第一台接触器的辅助常开触点，如图 2-1-7 所示。

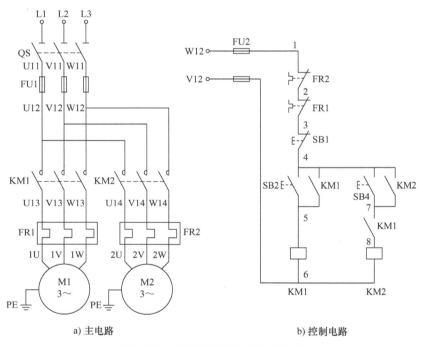

a) 主电路　　　　　　　　　　　b) 控制电路

图 2-1-7　体现顺序控制的控制电路

设计控制电路时，也可将两台水泵电动机顺序起动后，分别停止，如图 2-1-8 所示，按下 SB2，KM1 线圈得电，KM1 辅助常开触点（8—9）闭合，再按 SB4 起动，KM2 得电且自锁，此时可按下 SB3 实现第二台水泵电动机的单独停止，但是该电路有一个问题就是若是按下 SB1，第一台水泵电动机停止，第二台水泵电动机也会停止。

知识点学习 2：继电器

顺序控制时，其控制方式也比较广泛，除了选择不同的顺序起停方式，还可采取中间继电器或时间继电器进行顺序控制。

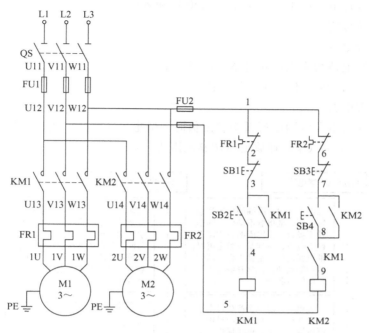

图 2-1-8　顺序起动，分别停止

　　继电器是一种利用各种物理量的变化，将电量或非电量信号转化为电磁力或使输出状态发生阶跃变化，从而通过其触点或突变量促使在同一电路或另一电路中的其他器件或装置动作的一种控制元件。

　　它用在各种控制电路中进行信号传递、放大、转换、联锁等，控制主电路和辅助电路中的器件或设备按预定的动作程序进行工作，实现自动控制和保护的目的。

　　常用的继电器按动作原理分为电磁式、磁电式、感应式、电动式、光电式和压电式等。按激励量不同即输入信号不同分为交流、直流、电压、电流、中间、时间、速度、温度、压力和脉冲继电器等。按线圈电流种类不同分为交流继电器和直流继电器。按用途不同分为控制继电器、保护继电器、通信继电器和安全继电器等。

　　继电器的特点是它具有跳跃式的输入-输出特性。根据继电器的作用和输入-输出特性，要求继电器应反应灵敏、准确、动作迅速、工作可靠、结构牢固和使用耐久。

　　电磁继电器一般由电磁系统、触点系统和调节系统等组成。继电器图形符号如图 2-1-9 所示。

a) 常开触点　　　　b) 常闭触点　　　c) 线圈

图 2-1-9　继电器图形符号

1. 电压继电器

　　电压继电器是反映电压变化的控制电器。线圈与负载并联，以反映负载电压，其线圈匝数多而导线细，阻抗大。

69

电压继电器有过电压继电器、欠电压继电器和零电压继电器，图 2-1-10 将前两种电压继电器进行了比较分析。

（1）过电压继电器

只有当电压继电器线圈电压超过整定值时，继电器才动作。过电压继电器的动作电压整定范围为 $(105\% \sim 120\%) U_N$（U_N 为额定电压）。

（2）欠电压继电器

只有当欠电压继电器线圈电压低于整定值时，继电器才动作。欠电压继电器吸合电压调整范围为 $(30\% \sim 50\%) U_N$，释放电压调整范围为 $(7\% \sim 20\%) U_N$。

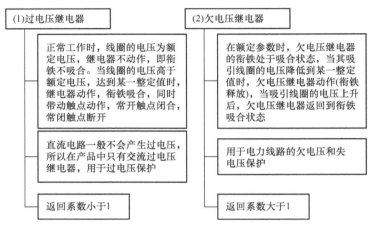

图 2-1-10　两种电压继电器比较

（3）零电压继电器

零电压继电器是当电路电压降低到 $(5\% \sim 25\%) U_N$ 时释放，对电路实现零电压保护，用于线路的失电压保护。

2. 电流继电器

电流继电器是根据输入（线圈）电流大小而动作的继电器。电流继电器的线圈串接在被测电路中，以反映电流的变化。其触点串接在控制电路中，用于控制接触器的线圈或信号指示灯的通断。为了不影响电路正常工作，电流继电器的线圈阻抗小、导线粗、匝数少。

（1）过电流继电器

通常，交流过电流继电器的吸合电流 $I_0 = (1.1 \sim 3.5) I_N$（I_N 为额定电流），直流过电流继电器的吸合电流 $I_0 = (0.75 \sim 3) I_N$。由于过电流继电器在出现过电流时衔铁吸合动作，其触点切断电路，故过电流继电器无释放电流值。

（2）欠电流继电器

正常工作时，继电器线圈流过负载额定电流，衔铁吸合动作；当负载电流降低至继电器释放电流时，衔铁释放，带动触点动作。欠电流继电器在电路中起欠电流保护作用。

直流欠电流继电器的吸合电流与释放电流调节范围分别为 $I_0 = (0.3 \sim 0.65) I_N$ 和 $I_r = (0.1 \sim 0.2) I_N$。

电流继电器和电压继电器图形符号如图 2-1-11 所示。

3. 中间继电器

中间继电器是将一个输入信号变成一个或多个输出信号的继电器。中间继电器的特点是触

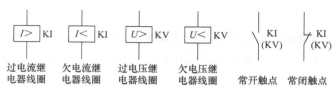

图 2-1-11　电流继电器和电压继电器图形符号

点数目多（6 对以上）、触点电流较大（5A）。但与接触器不同的是，中间继电器触点无主辅之分，当电动机功率较小时，可代替接触器的触点，其外形及内部结构示意如图 2-1-12 所示。

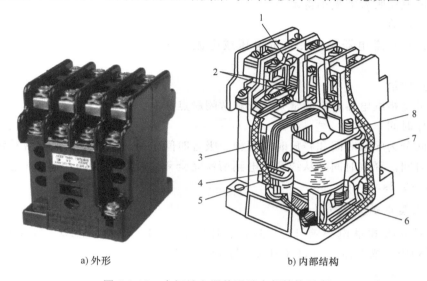

a) 外形　　　　　　　　　b) 内部结构

图 2-1-12　中间继电器外形及内部结构示意
1—常闭触点　2—常开触点　3—动铁心　4—短路环　5—静铁心
6—反作用弹簧　7—线圈　8—复位弹簧

中间继电器实质上是一种电压继电器，但它的触点数量较多，容量较大，起到中间放大（触点数量和容量）作用，其电气符号如图 2-1-13 所示。

a) 线圈符号　b) 常开触点　c) 常闭触点

图 2-1-13　中间继电器电气符号

4. 时间继电器、速度继电器

此部分内容将在以后项目中介绍。

5. 电磁式继电器的主要技术参数

（1）线圈额定工作电压或额定工作电流

线圈额定工作电压或额定工作电流是指继电器工作时线圈需要的电压或电流。一种型号的继电器的构造大体是相同的。为了适应不同电压的电路应用，一种型号的继电器通常有多种线圈额定工作电压或额定工作电流，并用规格型号加以区别。

（2）吸合电流

吸合电流是指继电器能够产生吸合动作的最小电流。在实际使用中，要使继电器可靠吸合，整定电压可以等于或略高于额定工作电压，但一般不要大于额定工作电压的 1.5 倍，否则会烧毁线圈。

（3）释放电流

释放电流是指继电器产生释放动作的最大电流。如果减小处于吸合状态的继电器的电流，当电流减小到一定程度时，继电器恢复到未通电时的状态，这个过程称为继电器的释放动作。释放电流比吸合电流小得多。

（4）触点负荷

触点负荷是指继电器触点允许的电压或电流。它决定了继电器能控制电压和电流的大小。

（5）触点数量

触点数量是指继电器具有的常开触点和常闭触点数量。

（6）动作时间

动作时间分为吸合时间和释放时间两种。吸合时间是指从线圈接收到电信号到衔铁完全吸合所需的时间。释放时间是从线圈断电到衔铁完全释放所需的时间。电磁继电器动作时间一般为 0.05～0.2s。

6. 常用典型电磁式继电器

常用典型电磁式继电器有 JZ7、JZ14、JDZ2、JZC1、JZC4、JJDZ3 等系列以及引进 MA406N 系列中间继电器、3TH（国内型号 JZC）等。

7. 电磁式继电器的选用

影响电磁式继电器选用的参数有：

1）控制电路的电源电压，能提供的最大电流。

2）被控电路中的电压和电流。

3）被控电路需要几组、什么形式的触点。

一般控制电路的电源电压可作为选用电磁式继电器的依据。控制电路应能给继电器提供足够的工作电压和工作电流，否则继电器吸合是不稳定的，触点应根据控制电路具体要求而定。

确定以上参数后，可查找相关资料，找出需要的继电器的型号和规格。

学习案例：顺序控制的方式很多，下面学习顺序控制电路的扩展电路。

1）两台电动机 M1、M2，要求 M1 起动后，M2 才能起动，M1 和 M2 可以单独停止，如图 2-1-14 所示。

2）两台电动机 M1、M2，要求 M1 起动后，M2 才能起动，M2 停止后 M1 才能停止。过载时两台电动机同时停止，如图 2-1-15 所示。

构成顺序起动、顺序或逆序停止电路时，只需通过在线圈电路中串接上一级接触器的常开触点，且停止按钮并接上一级（顺序停止）或下一级（逆序停止）接触器的常开触点来实现。

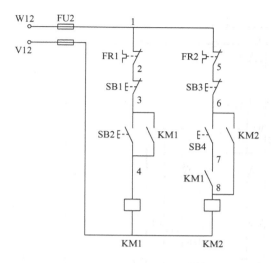

图 2-1-14 顺序起动、单独停止控制电路

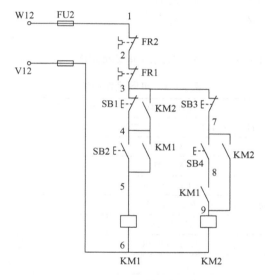

图 2-1-15 顺序起动、逆序停止控制电路

四、两台水泵电动机顺序控制电气控制电路的安装

在进行电气控制电路安装前，应列出相应的电器元件明细表，绘制电器元件布置图和安装接线图等，再进行电路的安装、运行调试，下面以两台水泵电动机顺序控制电路为例进行介绍，电气原理图如图 2-1-16 所示。

（一）电器元件明细表

电器元件明细表详见表 2-1-1。

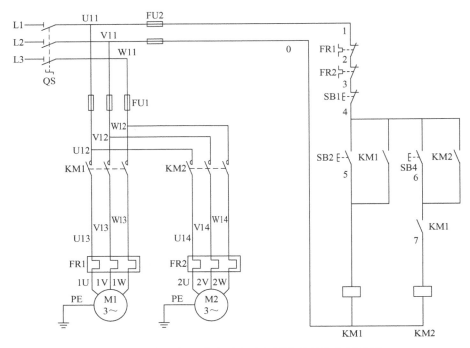

图 2-1-16　典型的两台水泵电动机顺序控制电气原理图

表 2-1-1　电器元件明细表

符　号	名　称	型号及规格	数　量	用　途	备　注
M1、M2	三相交流异步电动机	Y112M－2 380V 0.75kW	2		
SB1	停止按钮	LA4－3H	1	停止电动机	
SB2、SB4	起动按钮	LA4－3H	1	起动电动机	
FU1	主电路熔断器	RL1－60/20	3	主电路短路保护	
FU2	控制电路熔断器	RL1－15/2	3	控制电路短路保护	
KM	交流接触器	CJ10－20	2	控制电动机	
QS	组合开关	HZ10－25/3	1	电源的引入或分断	
FR	热继电器		2	电动机的过载保护	
	绝缘导线	BV1.5mm²		主电路接线	
	绝缘导线	BVR0.75mm²		控制电路接线	
	木质板	400mm×600mm		安装电路	
	木螺钉		适量	紧固作用	
XT	端子排	TB－1512	1	连接	
XT	端子排	TB－2512L	1	连接	

（二）所需工具器材

所需工具器材有各类常用电工工具（螺钉旋具、钳子、验电笔、剥线钳等）、万用表、电器安装底板、端子排、BV1.5mm² 和 BVR0.75mm² 绝缘导线、熔断器、热继电器、交流接触器、组合开关、按钮、三相交流异步电动机 2 台等。

（三）元件质量检测

同子项目 1－1。

（四）绘制电器元件布置图和安装接线图

1）绘制电器元件布置图，如图 2-1-17 所示。

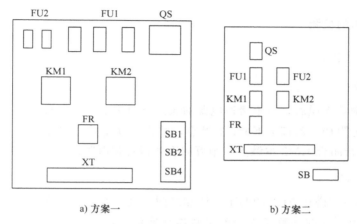

a) 方案一　　　　　　　　　　　　　　b) 方案二

图 2-1-17　电器元件布置图

2）根据电气原理图、安装布线图和电气原理图中元件编号，查找对应元件，画出安装接线图，如图 2-1-18 所示。

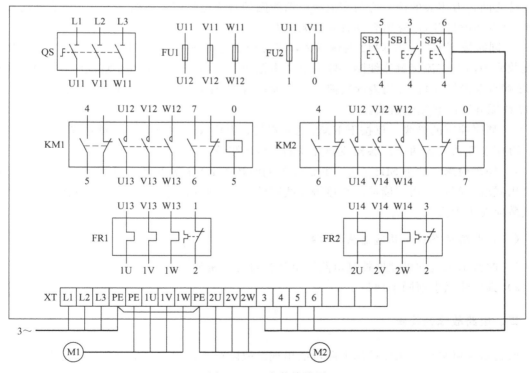

图 2-1-18　安装接线图

（五）两台水泵电动机顺序控制电路安装要点

安装要点同子项目 1-1。

【项目检查与评估】

一、安装电路的检测

（一）电路静态检测

1. 检测主电路

接线完毕，确认无误后，在不接通电源的状态下对主电路进行检测。

万用表置于电阻档，若按下 KM1 主触点，测得各相电阻应基本相等且近似为 0，松开 KM1 主触点，强行闭合 KM2 主触点，用万用表测得各相电阻应为无穷大。

2. 检测控制电路

1）可将万用表笔搭在 FU2 的两个出线端之间，这时万用表的读数应为无穷大，按下起动按钮 SB2 时，万用表的读数应为交流接触器线圈的直流电阻值，为 $1200\sim1500\Omega$，松开 SB2（或按 SB1），万用表读数应为无穷大。

2）检测控制电路的自锁，具体做法如下：

① 按下 KM1 的触点架，使其自锁的辅助常开触点闭合，将万用表笔搭在 FU2 的两个出线端之间，万用表的读数应为交流接触器线圈的直流电阻值，再按下 SB1（注意此时按下 KM1 触点架没松开），万用表读数应为无穷大。

② 同时按下 KM1 和 KM2 的触点架，将万用表笔搭在 FU2 的两个出线端之间，万用表的读数应为两个交流接触器线圈并联的直流电阻值。若再按下 SB1（注意此时按下 KM1 和 KM2 触点架没松开），万用表读数偏向无穷大；若按 SB4，则万用表读数显示的是 KM1 和 KM2 线圈并联的直流电阻值。

3）顺序控制的检测：仅按下 KM2 的触点架，万用表读数应为∞，同时按下 KM1 触点架，万用表读数应为两个接触器线圈并联的直流电阻值。

4）停车检测：按下 SB2（或按下 SB4 的同时按下 KM1 触点架），万用表笔放在 FU2 的两个出线端之间，万用表读数应为接触器线圈的直流电阻值；同时按下停止按钮 SB1，万用表读数应变为无穷大。

（二）电路动态检测并通电试车运行

1）两台水泵电动机顺序控制电路通电运行过程分析如图 2-1-19 所示。

2）其余注意事项同子项目 1-1。

二、电路故障的检修

两台水泵电动机的顺序控制电路可能出现的故障很多，现在列举出部分，见表 2-1-2。

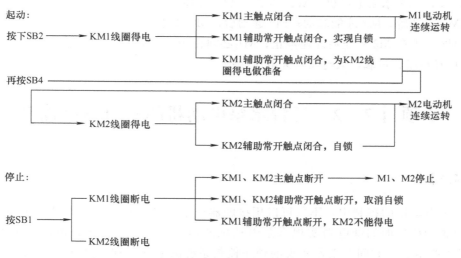

图 2-1-19 两台水泵电动机顺序控制电路运行过程分析

表 2-1-2 两台电动机顺序起动故障表

序 号	故 障 现 象	故 障 范 围	排 除 方 法
1	按下 SB2 无反应	1—2—3—4—5—0 之间断路	用万用表检测 1—2、2—3、3—4、4—5、5—0，如果表针不偏转，则故障就在这两个点之间
2	按下 SB2 第一台电动机点动	4—KM1 常开触点—5 之间断路	查看 4、5 节点，检查 KM1 常开触点是否出现故障
3	按下 SB2 第一台电动机正常起动，按 SB4 无反应	4—6—7—0 之间断路	用万用表检测 4—6（并按 SB4）、6—7（并按下 KM1 触点架）、7—0，如果表针不偏转，则故障就在这两个点之间
4	第一台电动机正常，第二台电动机点动	4—KM2 常开触点—6 之间断路	查看 4、6 节点，检查 KM2 常开触点是否出现故障

【项目总结】

学生进行自评和互评，教师进行点评和总结。评价标准表见表 1-1-5 三相异步电动机控制电路评分标准。

【巩固与提高】

1. 若主回路中用低压断路器 QF 取代 QS，还有没有必要使用熔断器和热继电器？为什么？

2. 为什么主电路中采用了低压断路器后没必要采用热继电器？

3. 分析中间继电器能否取代接触器。画出其图形符号和文字符号。

4. 本次项目能否不使用中间继电器实现顺序控制？请画出电气原理图。

5. 试设计三个水泵电动机（M1、M2、M3）顺序控制电路，要求如下：

1）M1 起动后，M2 才能起动；M2 起动后，M3 才能起动。

2）M2 必须在 M3 停止后才能停止；M1 必须在 M2 停止后才能停止。

3）具有短路、过载、欠电压及失电压保护。

子项目 2 - 2 三台水泵电动机的定时顺序控制

【任务描述】

在水泵电动机的控制中，不仅可以用接触器或继电器的触点来实现电动机顺序控制，还可以设置相应的时间继电器实现水泵电动机的顺序控制。三台水泵电动机工作示意图如图 2-2-1 所示。以时间继电器实现的顺序控制系统的电气原理是多样的，如先起动第一台三相异步电动机，隔一定时间后再起动第二台三相异步电动机，再过一段时间起动第三台异步电动机，最后停止，也可以是需要停止时，设定一定的间隔时间，依次停止。

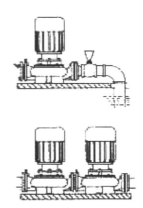

图 2-2-1　三台水泵电动机工作示意图

【任务目标】

知识目标：

1. 理解时间继电器的作用、工作原理与符号；

2. 掌握顺序控制中时间继电器的应用；

3. 理解时间继电器的分类；

4. 理解两种时间继电器来实现顺序控制的思路。

能力目标：

1. 能正确绘制时间继电器符号，并进行相应的选择；

2. 能够利用时间继电器完成顺序控制的不同控制要求；

3. 能够与相关人员进行交流，并解决遇到的问题，形成自己的思路和能力；

4. 能够自己进行安装工艺设计，并进行方案的对比。

【完成任务的计划决策】

定时顺序控制不仅可用在水泵电动机的顺序控制中，还可用在带式传送、酒类生产线和某些机床上面，也可用于某些有定时要求的设备，所以在完成任务时着重从时间继电器的应用出发，来完成相应的顺序控制要求，而时间继电器的类型也很多，从延时方面来说，时间继电器可采用通电延时型和断电延时型，而常用的是通电延时型时间继电器。

【实施过程】

一、三台水泵电动机的定时顺序控制方式分析

定时顺序控制三台水泵电动机起停，可以顺序起动、顺序停止，也可以顺序起动、逆序停止，都可以预先调整和设计好时间，通过时间继电器完成。

知识点学习：时间继电器

信号输入后，经一定的延时，才有信号输出的继电器称为时间继电器。对于电磁式时间继电器，当电磁线圈通电或断电后，经一段时间，延时触点状态才发生变化，即延时触点才动作。

时间继电器可分为直流电磁式、空气阻尼式、电动式、电子式及晶体管式等几大类。

时间继电器延时方式可分为通电延时和断电延时两种，文字符号为 KT，图形符号如图 2-2-2 所示。

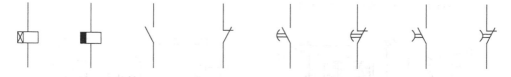

a) 通电延时　　b) 断电延时　　c) 动合(常开)　　d) 动断(常闭)　　e) 延时闭合　　f) 延时断开　　g) 延时断开　　h) 延时闭合
　线圈　　　　　　线圈　　　　触点　　　　触点　　的动合触点　　的动断触点　　的动合触点　　的动断触点

图 2-2-2　时间继电器图形符号

通电延时型时间继电器的工作原理是时间继电器的线圈得电，其瞬动触点立即动作（即常开触点闭合，常闭触点断开），同时连续计时开始，计时时间到，延时触点动作。当线圈断电时，其瞬动触点和延时触点同时复位。

断电延时型时间继电器的工作原理是时间继电器的线圈得电，其瞬动触点和延时触点同时动作，线圈断电后，瞬动触点恢复常态，断电计时开始，计时时间到，延时触点恢复常态。

1. 直流电磁式时间继电器

直流电磁式时间继电器的特点是结构简单，价格低廉，延时较短（0.3～5.5s），只能用于直流断电延时，延时精度不高，体积大，常用的有 JT3、JT18 型，其外形如图 2-2-3 所示。

直流电磁式时间继电器改变延时的方法（两种）如下：

一是粗调，改变安装在衔铁上的非磁性垫片的厚度，垫片厚时延时短，垫片薄时延时长。

二是细调，调整反力弹簧的反力大小，弹簧紧则延时短，弹簧松则延时长。

2. 空气阻尼式时间继电器

空气阻尼式时间继电器是利用空气阻尼的原理制成的，延时范围较大（0.4~180s），但延时误差较大，一般用于延时精度不高的场合，实物如图 2-2-4 所示。常用的空气阻尼式时间继电器有 JS7 - A、JS23 等系列。按通电方式，空气式阻尼式时间继电器分为通电延时型和断电延时型两种，其结构原理如图 2-2-5 所示。

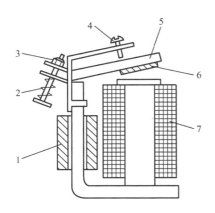

图 2-2-3　直流电磁式时间继电器

图 2-2-4　空气阻尼式时间继电器

1—阻尼套筒　2—反力弹簧　3—螺母　4—螺钉

5—衔铁　6—非磁性垫片　7—线圈

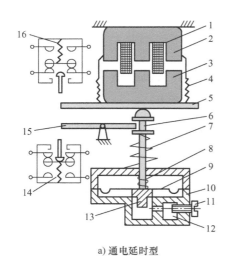

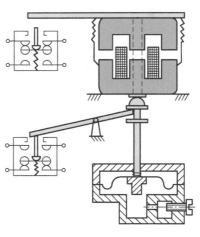

a) 通电延时型

b) 断电延时型

图 2-2-5　JS7 - A 系列空气阻尼式时间继电器结构原理图

1—线圈　2—铁心　3—衔铁　4—反力弹簧　5—推板　6—活塞杆　7—塔形弹簧　8—弱弹簧

9—橡胶膜　10—空气室壁　11—调节螺钉　12—进气孔　13—活塞　14、16—微动开关　15—杠杆

3. 电动式时间继电器

电动式时间继电器是由微型同步电动机拖动减速机构，经机械机构使触点延时动作的时间继电器。

电动式时间继电器由微型同步电动机、电磁离合器、减速齿轮、触点系统、脱扣机构和延时调整机构等组成，也可分为通电延时型和断电延时型两种。

特点是延时精度高，不受电源电压波动和环境温度变化的影响，延时误差小；延时范围大（几秒到几十个小时），延时时间有指针指示。

缺点是结构复杂，价格高，不适于频繁操作，寿命短，延时误差受电源频率的影响。

4. 电子式时间继电器

电子式时间继电器外形如图 2-2-6 所示，可设定时间，如数字式时间继电器利用数字按键设定时间，同时可通过数码管或液晶显示屏显示计时情况。常用的还有阻容式时间继电器。阻容式时间继电器是利用电容对电压变化的阻尼作用来实现延时的。

图 2-2-6　JS11 系列电子式时间继电器

近期开发的电子式时间继电器产品多为数字式，又称计数式，由脉冲发生器、计数器、数字显示器、放大器及执行机构等组成，具有延时时间长、调节方便、精度高的优点，有的还带有数字显示，应用很广。其时间精度远远高于空气阻尼式时间继电器，现在数字式时间继电器越来越被人们喜欢和采用。

5. 时间继电器的选择

时间继电器在选用时应考虑延时方式（通电延时或断电延时）、延时范围、延时精度要求、外形尺寸、安装方式和价格因素等。在要求延时范围大、延时准确度高的场合，应选用电动式或电子式时间继电器。在延时精度要求不高、电源电压波动较大的场合，可选用价格较低的直流电磁式或气囊式时间继电器。

二、三台水泵电动机定时顺序控制的主电路设计

三台水泵电动机的顺序控制方式较多，在主电路中关键的是要将三相电源分别接入三台电动机中，同时需要根据运行要求，加入相应的保护电器元件。

结合前面学习的两台水泵电动机顺序控制的主电路，分别利用三个接触器的主触点控制三台电动机，且不能相互影响。同时每台电动机都应该有独立的保护，如图 2-2-7 所示。

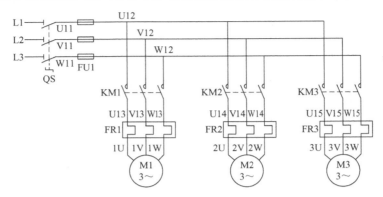

图 2-2-7　三台水泵电动机定时顺序控制主电路

三、三台水泵电动机定时顺序控制的控制电路设计

学习案例：两台水泵电动机定时顺序控制电路。

如图 2-2-8 所示，用的是通电延时型时间继电器，当按下 SB2，KM1 线圈得电，KM1 主触点闭合，M1 开始转动，同时时间继电器 KT 也得电，计时开始，计时时间到，KT 延时触点闭合动作，KM2 线圈得电自锁，第二台电动机也得电，KM2 辅助常闭触点断开，KM1 线圈断电，M1 停转。由此可以类推多台水泵电动机的顺序控制。

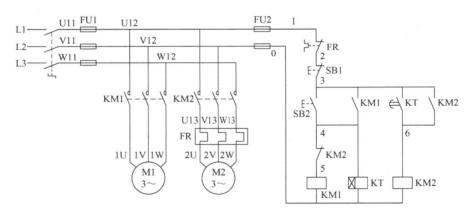

图 2-2-8　两台水泵电动机定时顺序控制

电动机定时顺序控制方式较多，本项目具体的控制要求是三台水泵电动机顺序起动，第一台水泵电动机先起动一定时间后，第二台水泵电动机才起动，第二台起动一定时间后，第三台水泵电动机才起动。当按下停止按钮，三台水泵电动机都停止，如图 2-2-9 所示。图中起动按钮为 SB2，第一台水泵电动机起动，同时 KT1 计时开始，计时时间到，KM2 线圈得电，第二台水泵电动机起动，同时 KT2 计时也开始，计时时间到，KM3 线圈得电，第三台水泵电动机起动，按下 SB1 三台水泵电动机都停止。

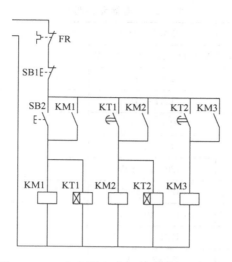

图 2-2-9　三台水泵电动机定时顺序控制电路

四、三台水泵电动机定时顺序控制电气控制电路的安装

在进行控制电路的安装前，应列出相应的电器元件明细表，绘制电器元件布置图和安装接线图等，再进行电路的安装、运行调试，下面以三台水泵电动机的定时顺序控制为例进行介绍，电气原理图如图 2-2-10 所示。

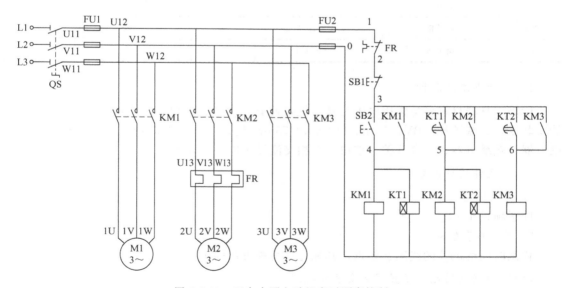

图 2-2-10　三台水泵电动机定时顺序控制

（一）电器元件明细表

电器元件明细表见表 2-2-1。

表 2-2-1　电器元件明细表

符　号	名　　称	型号及规格	数　量	用　　途	备　注
M	三相交流异步电动机	Y112M－2 380V 0.75kW	3		
SB1	停止按钮	LA4－3H	1	停止电动机	
SB2	起动按钮	LA4－3H	1	起动电动机	
FU1	主电路熔断器	RL1－60/20	3	主电路短路保护	
FU2	控制电路熔断器	RL1－15/2	3	控制电路短路保护	
KM1	交流接触器	CJ20－10 380V	1	控制电动机	
KM2	交流接触器	CJ20－10 380V	1	控制电动机	
KM3	交流接触器	CJ20－10 380V	1	控制电动机	
QS	组合开关	HZ10－25/3	1	电源的合断	
KT	时间继电器	ST3PA－A	2	顺序控制用	
FR	热继电器	3UA50 40－1E 整定：2.5～4A	1	M2 过载保护	
	绝缘导线	BV1.5mm²		主电路接线	
	绝缘导线	BVR0.75mm²		控制电路接线	
	木质板	400mm×600mm		安装电路	
	木螺钉		适量	紧固作用	
XT	端子排	TB－1512	1	连接	
XT	端子排	TB－2512L	1	连接	

（二）所需工具器材

所需工具器材有各类常用电工工具（螺钉旋具、钳子、验电笔、剥线钳）、万用表、电器安装底板、端子排、BV1.5 mm² 和 BVR0.75mm² 绝缘导线、熔断器、交流接触器、时间继电器、热继电器、组合开关、按钮、三相交流异步电动机 3 台等。

（三）元件质量检测

1. 外观检测

同子项目 1－1。

2. 用万用表检测

检测时间继电器的线圈、触点，其他元件检查方法同子项目 1－1。

（四）绘制电器元件布置图和安装接线图

1）绘制电器元件布置图，如图 2-2-11 所示。

2）根据电气原理图、电器元件布置图和电气原理图中元件编号，查找对应元件，画出安装接线图，并按图接线，如图 2-2-12 所示。

（五）三台水泵电动机定时顺序控制电路安装要点

安装要点同子项目 1－1。

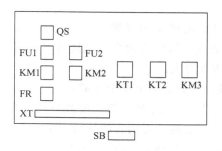

图 2-2-11　电器元件布置图

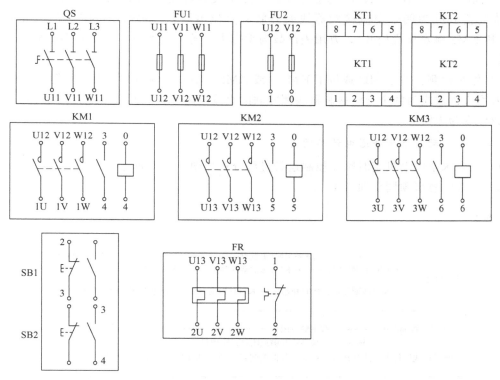

图 2-2-12　安装接线图

【项目检查与评估】

一、安装电路的检测

（一）电路静态检测

1. 检测主电路

接线完毕，确认无误后，在不接通电源的状态下对主电路进行检测。

万用表置于电阻档，若按下 KM1 主触点，测得各相电阻应基本相等且近似为 0；松开 KM1 主触点，强行闭合 KM2 主触点，测得各相电阻应基本相等且近似为 0。

2. 检测控制电路

1）可将万用表笔搭在 FU2 的两个出线端 0、1 之间，这时万用表的读数应为无穷大，按下起动按钮 SB2 时，万用表的读数应为两个交流接触器线圈并联的直流电阻值，松开 SB2（或按 SB1），万用表读数应为无穷大。

2）检测控制电路的自锁，可分为以下两个步骤：

① 按下 KM1（或 KM2、KM3）的触点架，使其自锁的辅助常开触点闭合，将万用表笔搭在 FU2 的两个出线端 0、1 之间，万用表的读数应为两个交流接触器线圈并联的直流电阻值（若按下 KM2 或 KM3，分析类似），再按下 SB1（注意此时按下 KM1 触点架没松开），万用表读数应为无穷大。

② 同时按下 KM1 和 KM2 的触点架，将万用表笔搭在 FU2 的两个出线端 0、1 之间，万用表的读数应为四个交流接触器线圈并联的直流电阻值，再按下 SB1（注意此时按下 KM1 和 KM2 触点架没松开），万用表读数为无穷大。若同时按下三个接触器的触点架，分析类似。

3）停车检测：按下 SB2 或按下 KM1（或 KM2、KM3）触点架，万用表笔搭在 0、1 之间，万用表读数应为两个交流接触器线圈并联的直流电阻值；同时按下停止按钮 SB1，万用表读数应变为无穷大。

（二）电路动态检测并通电试车运行

1）三台水泵电动机定时顺序控制运行过程分析如图 2-2-13 所示。

2）其余注意事项同子项目 1-1。

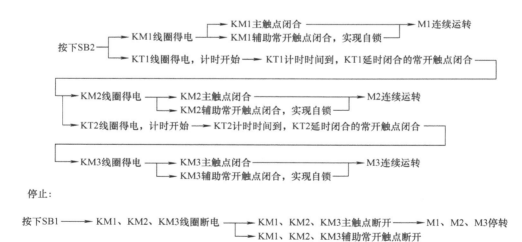

图 2-2-13　三台水泵电动机定时顺序控制运行过程分析

二、电路故障的检修

三台水泵电动机定时控制电气控制电路的故障检修方法和前面一致，表 2-2-2 列出了部分电路故障的检修，请学生补充完成可能出现的故障。

表 2-2-2　三台水泵电动机定时顺序控制故障表

序　号	故障现象	故障范围	排除方法
1	按下 SB2 无反应	1—2—3—4—0 之间断路	用万用表检测 1—2、2—3、3—4（并按下 SB2）、4—0，如果表针不偏转，则故障就在这两个点之间
2	按下 SB2 第一台点动	3—KM1 常开触点—4 之间断路	查看 3、4 节点，检查 KM1 常开触点是否出现故障
3			
4			
5			

【项目总结】

学生进行自评和互评，教师进行点评和总结。评价标准表见表 1-1-5 三相异步电动机控制电路评分标准。

【巩固与提高】

1. 设计两台水泵电动机控制电路，第一台水泵电动机先起动 5s，5s 后第一台水泵电动机停止，第二台水泵电动机起动，运行 10s 后，第二台水泵电动机也停止。

2. 设计三台水泵电动机按顺序起动、逆序停止控制电路，要求具有短路保护和过载保护。

3. 设计三台水泵电动机按顺序起动、顺序停止的控制电路，要求控制电路中应有必要的短路和过载保护。

4. 某机床自动间歇润滑系统由接触器 KM 控制润滑液压泵电动机 M 的起停，润滑时间 10s（KT1），间歇时间 5s（KT2），电动机按照润滑规律间歇工作，并且电动机可以点动运行。请设计出相关电路。

子项目 2-3　Y-△减压起动的水泵电动机控制

【任务描述】

10kW 及其以下容量的三相异步电动机通常采用全压起动，即起动时电动机的定子绕组直接接在额定电压的交流电源上。但当电动机容量超过 10kW 时，因起动电流较大，线路压降大，负载端电压降低，影响起动电动机附近电气设备的正常运行，一般采取减压起动，但由于其起动转矩相应也减小，故适用于空载或轻载情况。

常见的减压起动方式有丫-△（星形-三角形）减压起动、带自耦变压器减压起动、软起动（固态减压起动器）、延边三角形减压起动及定子绕组串电阻减压起动等。其中丫-△减压起动是指起动时，先将定子绕组接成星形，使加在每相绕组上的电压降低到额定电压的 $1/\sqrt{3}$，从而降低了起动电压；待电动机转速升高后，再将绕组接成三角形，使其在额定电压下运行。

当三相笼型异步电动机定子绕组的额定电压为 220V 时，需将其接为星形；当三相笼型异步电动机定子绕组的额定电压为 380V 时，需将定子绕组接成三角形。考虑到起动电流的大小，则连接方式也不同。

知识点学习：电动机的连接方式

三相异步电动机三相定子绕组的两种连接方式如图 2-3-1 所示。

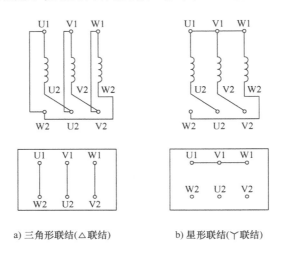

a) 三角形联结（△联结）　　　　b) 星形联结（丫联结）

图 2-3-1　三相异步电动机定子绕组的两种连接方式

线电压：$U_L = 380V$，$U_{\text{丫}L} = U_{\triangle L} = 380V$

相电压：$U_{\triangle P} = U_{\triangle L} = 380V$，$U_{\text{丫}P} = \dfrac{U_{\text{丫}L}}{\sqrt{3}} = \dfrac{380V}{\sqrt{3}} = 220V$

线电流与相电流关系：$I_{\text{丫}P} = I_{\text{丫}L}$，$I_{\triangle P} = \dfrac{I_{\triangle L}}{\sqrt{3}}$

【任务目标】

知识目标：

1. 理解电动机丫-△联结方式的接法；
2. 掌握定子绕组串电阻减压起动的起动方式；
3. 理解定子绕组串电阻减压起动的起动电阻计算方法；
4. 理解时间继电器在实现丫-△减压起动控制电路中的应用。

能力目标：

1. 能够针对不同的要求进行不同减压起动方式的初步选择；
2. 能够利用按钮完成丫-△减压起动控制电路的设计；
3. 能够与相关人员进行交流，并解决遇到的问题，形成自己的思路和能力；
4. 能够自己进行安装工艺设计，并进行方案的对比。

【完成任务的计划决策】

丫-△减压起动是减压起动方式的一种，适用于正常运行时定子绕组采取三角形联结的电动机。采用星形联结起动时的起动电流（线电流）仅为采用三角形联结直接起动时电流（线电流）的 1/3，即转矩也为采用三角形联结直接起动时的 1/3，故该起动方式常用于空载和轻载起动电路，为起重机、机床和压缩机等设备常用的减压起动方式。为实现丫-△减压起动，可以直接在三相异步电动机中采用不同的定子绕组的接线方式，也可用接触器控制三相异步电动机的定子绕组，使不同的接触器得电，则电动机可转换为星形或三角形联结。对接触器的控制，可以采用按钮，也可采用时间继电器。除改变定子绕组的连接方式外，还可在定子绕组串电阻以实现减压起动的目的。

学习案例：定子绕组串电阻减压起动。

1. 定子绕组串电阻减压起动概述

定子绕组串电阻减压起动是电动机起动时在三相定子电路串接电阻，使得加在定子绕组上的电压降低，起动结束后再将电阻短接，电动机在额定电压下正常运行。这种起动方式由于不受电动机接线形式的限制，设备简单，因而在中小型生产机械中应用较广，其电气原理图如图 2-3-2 所示。

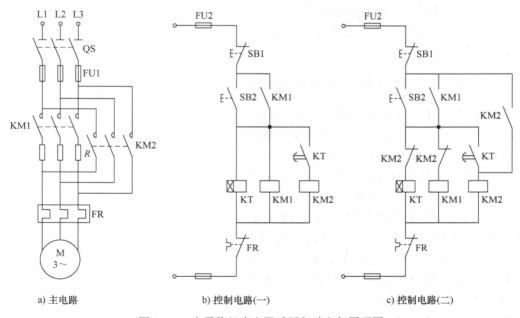

图 2-3-2　定子绕组串电阻减压起动电气原理图

2. 起动电阻

起动电阻 R 一般采用 ZX1、ZX2 系列铸铁电阻。铸铁电阻允许通过较大电流，功率大。

（1）起动电阻阻值

阻值可按下列近似公式确定：

$$R = 190\text{V} \times \frac{I_{\text{st}} - I'_{\text{st}}}{I_{\text{st}} I'_{\text{st}}} \qquad (2\text{-}1)$$

式中，I_{st} 是未串电阻前的起动电流（A），一般 $I_{\text{st}} = (4 \sim 7)I_{\text{N}}$；$I'_{\text{st}}$ 是串联电阻后的起动电流（A），一般 $I'_{\text{st}} = (2 \sim 3)I_{\text{N}}$；$I_{\text{N}}$ 是电动机的额定电流（A）；R 是电动机每相应串联的起动电阻值。

（2）电阻功率

可用公式 $P = I_{\text{N}}^2 R$ 计算。由于起动电阻 R 仅在起动过程中接入，且起动时间很短，所以实际选用的电阻功率为计算值的 $1/4 \sim 1/3$。

3. 定子绕组串电阻减压起动的缺点

定子绕组串电阻减压起动，不但减小了电动机的起动转矩，起动时，电阻上还会有较大功率消耗，故这种减压起动方法的应用正在逐步减少。

【实施过程】

一、丫-△减压起动的水泵电动机控制要求的分析

丫-△减压起动控制较简单，首先选用合适电压的三相异步电动机，为了更熟悉电路，且方便体现减压到全压的过程，选择用三个接触器实现减压到全压的转换。以按钮控制接触器为例，要求实现动作为按下起动按钮，三相异步电动机进行星形减压起动，再按下另一个起动按钮，电动机的星形减压起动结束，进行三角形全压运行。

二、丫-△减压起动的水泵电动机主电路的设计

主电路设计时，应从电动机的六个接线端子出发，在三角形联结方式时，必须采用热继电器进行三相异步电动机的过载保护和热保护。如图 2-3-3 所示，当 KM 主触点闭合时，三相电源引入三相异步电动机的首端，同时 KM丫 主触点闭合，三相异步电动机的尾端连接到一起，三相异步电动机进行星形减压起动。若闭合 KM△，电源由 KM 主触点进入后，直接由 KM△ 的主触点进入三相异步电动机的尾端，三相异步电动机进行三角形全压运行。

简单地说就是减压起动时 KM、KM丫 主触点闭合，全压运行时 KM、KM△ 主触点闭合。注意

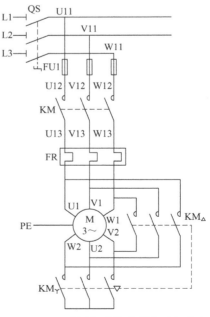

图 2-3-3　丫-△减压起动的水泵电动机主电路

KM 在运行过程中，一直都闭合，也可将 KM$_\triangle$ 的进端和 KM 的进端接到一起，则全压运行时，只有 KM$_\triangle$ 得电。

三、丫-△减压起动的水泵电动机控制电路的设计

（一）丫-△减压起动的水泵电动机按钮控制电路

根据主电路中接触器分别在减压起动和全压运行中的不同作用，进行控制电路的设计，应考虑到电路是长动还是点动，是否有互锁等因素。

如图 2-3-4 所示，SB2 为星形减压起动的按钮，由于 KM 在电路中一直都通电，故采取 KM 线圈得电且自锁，KM$_丫$ 和 KM$_\triangle$ 在不同的控制方式下分别得电，如减压起动时 KM 和 KM$_丫$ 线圈都得电，按下星形-三角形转换按钮 SB3，SB3 常闭触点先断开使 KM$_丫$ 线圈断电，SB3 常开触点再接通 KM$_\triangle$ 线圈，使电动机进入全压运行。按下 SB1，所有线圈都断电。

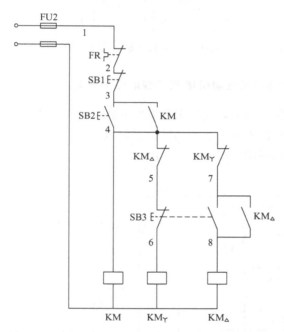

图 2-3-4　丫-△减压起动的水泵电动机按钮控制电路

在电路中，若是三相异步电动机的首尾端同时通电，会造成定子绕组短路，所以在控制电路中必须设置互锁电路，即 KM$_丫$ 线圈得电时，KM$_\triangle$ 线圈不能得电，可以设置机械互锁和电气互锁两种方式，在本设计中采用了两种互锁方式，即 KM$_丫$、KM$_\triangle$ 的辅助常闭触点串接在对方的线圈电路中，即 4—5 和 4—7 点，并将星形-三角形转换按钮 SB3 的常闭触点串接到线圈 KM$_丫$ 中。

（二）丫-△减压起动的水泵电动机时间继电器控制电路

实现减压到全压的转换可以由预先设定的时间进行转换，如图 2-3-5 所示，在起动后 KM 和 KM$_丫$、KT 同时得电，计时开始，时间到，KM、KM$_\triangle$ 同时得电，KT、KM$_丫$ 断电。

91

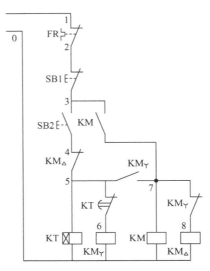

图 2-3-5　丫-△减压起动的水泵电动机时间继电器控制电路

四、丫-△减压起动的水泵电动机电气控制电路的安装

在进行电气控制电路安装前，应列出相应的电器元件明细表，绘制电器元件布置图和安装接线图等，再进行电路的安装、运行调试，下面以按钮控制实现水泵电动机丫-△减压起动为例进行介绍，电气原理图如图 2-3-6 所示。

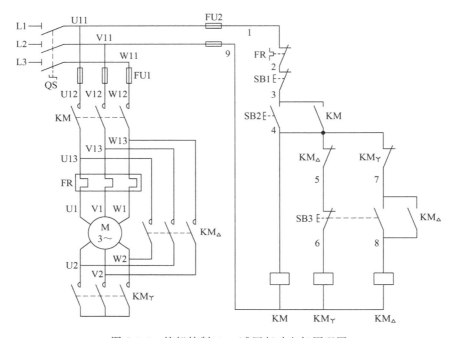

图 2-3-6　按钮控制丫-△减压起动电气原理图

（一）电器元件明细表

电器元件明细表见表 2-3-1。

表 2-3-1　电器元件明细表

符　　号	名　　称	型号及规格	数　量	用　　途	备　注
M	三相交流异步电动机	Y112M-2 380V 0.75kW	1		
SB1	停止按钮	LA4-3H	1	停止电动机	
SB2	起动按钮	LA4-3H	1	起动电动机	
SB3	星形-三角形转换按钮	LA4-3H	1	星形-三角形转换	
FU1	主电路熔断器	RL1-60/20	3	主电路短路保护	
FU2	控制电路熔断器	RL1-15/2	3	控制电路短路保护	
KM	交流接触器	CJ20-10 380V	1	控制电动机	
KM⅄	交流接触器	CJ20-10 380V	1	M 星形联结	
KM△	交流接触器	CJX-9/22	1	M 三角形联结	
QS	组合开关	HZ10-25/3	1	电源的合断	
FR	热继电器	3UA50 40-1E， 整定：2.5～4A	1	M 过载保护	
	绝缘导线	BV1.5mm²		主电路接线	
	绝缘导线	BVR0.75mm²		控制电路接线	
	木质板	400mm×600mm		安装电路	
	木螺钉		适量	紧固作用	
XT	端子排	TB-1512	1	连接	
XT	端子排	TB-2512L	1	连接	

（二）所需工具器材

所需工具器材有各类常用电工工具（螺钉旋具、钳子、验电笔、剥线钳等）、万用表、电器安装底板、端子排、BV1.5 mm² 和 BVR0.75mm² 绝缘导线、熔断器、交流接触器、热继电器、组合开关、按钮、三相交流异步电动机 1 台等。

（三）元件质量检测

所用元件质量检测方法同上一项目。

（四）绘制电器元件布置图和安装接线图

1）绘制电器元件布置图，如图 2-3-7 所示。

2）根据电气原理图、电器元件布置图和电气原理中元件编号，查找对应元件，画出安装接线图，如图 2-3-8 所示。

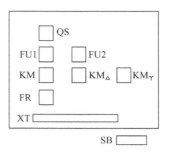

图 2-3-7　电器元件布置图

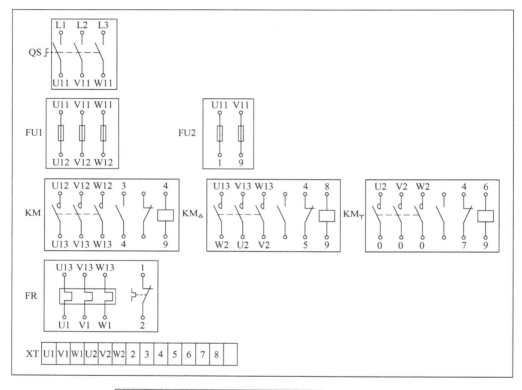

图 2-3-8　安装接线图

（五）按钮控制 丫-△ 减压起动水泵电动机控制电路安装要点

安装要点同上一项目。同时注意：

1）接线时要保证电动机三角形联结的正确性，即 KM△ 主触点闭合时，应保证定子绕组的 U1 与 W2、V1 与 U2、W1 与 V2 相连接。

2）接触器 KM_Y 的进线必须从三相定子绕组末端引入，若误将其首端引入，则在 KM_Y 吸合时，会产生三相电源短路事故。

【项目检查与评估】

一、安装电路的检测

（一）电路静态检测

1. 检测主电路

接线完毕，确认无误后，在不接通电源的状态下对主电路进行检测。

先同时按下 KM、KM_Y 主触点，用万用表依次接 QS 各输出端至 KM_Y 输出端，每次测得的电阻值应基本相等，近似等于电动机一相电阻值；松开 KM_Y 主触点，强行闭合 $KM_\triangle$ 主触点，用万用表分别测 QS 两出线端的电阻，应近似等于电动机每相绕组电阻的 2/3，则接线正确。

2. 检测控制电路

（1）检测按钮起动

可将万用表笔搭在 FU2 的两个出线端之间，这时万用表的读数应为无穷大，按下起动按钮 SB2，万用表的读数应为两个交流接触器线圈并联的直流电阻值，按下 SB2 不放，再按下 SB3，万用表读数应不变。

（2）控制电路的自锁检测

1）按下 KM 的触点架，使其自锁的辅助常开触点闭合，将万用表笔搭在 FU2 的两个出线端之间，万用表的读数应为两个交流接触器线圈并联的直流电阻值。

2）同时按下 KM 和 $KM_\triangle$ 的触点架，将万用表笔搭在 FU2 的两个出线端之间，万用表的读数应为两个交流接触器线圈并联的直流电阻值。

（3）控制电路的互锁检测

将万用表笔搭在 4、9 之间，万用表读数应为两个交流接触器线圈并联的直流电阻值。按下 KM_Y 或 $KM_\triangle$ 的触点架，万用表读数应不变。

（4）停车检测

将万用表笔搭在 FU2 的两个出线端之间，按下 KM 或 SB2，万用表读数应为两个交流接触器线圈并联的直流电阻值；再按下 SB1，万用表读数应变为无穷大。

（二）电路动态检测并通电试车运行

1. 工作过程分析

1）星形联结减压起动过程如图 2-3-9 所示。

2）当电动机转速上升并接近额定值时，转为三角形联结全压运行，如图 2-3-10 所示。

3）停止：按下 SB1→控制电路接触器线圈断电→主电路中的主触点分断→电动机停转。

2. 通电试车运行

1）试车成功率以通电后第一次按下按钮计算；操作中应观察各元件动作是否灵活，有无卡阻及噪声过大等现象，电动机运行有无异常。若发现问题，应立即切断电源进行检查。

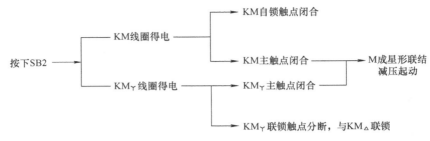

图 2-3-9　星形联结减压起动过程分析

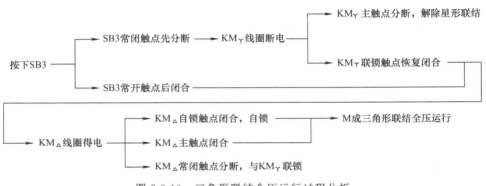

图 2-3-10　三角形联结全压运行过程分析

2）闭合开关 QS，可进行星形起动和三角形起动：按下 SB2，电动机将以星形联结起动，用万用表检测每相绕组电压应为 220V；按下 SB3，电动机将以三角形联结正常运行，用万用表检测每相绕组电压应为 380V；按下 SB1，电动机停转；试运行完毕，分断隔离开关。

3）热继电器电流的整定值，取电动机额定电流的 1.05～1.15 倍。

二、电路故障的检修

在调试中出现故障，应独立检修，若需要带电检测时，必须有教师在现场监护。检修完毕再次试车，也应有教师监护，按钮控制 丫-△ 减压起动电路的部分故障见表 2-3-2。同时请自行分析时间继电器控制 丫-△ 减压起动电路故障，并将分析填写在表 2-3-3 中。

表 2-3-2　按钮控制 丫-△ 减压起动电路故障表

序　号	故 障 现 象	故 障 范 围	排 除 方 法
1	按下 SB2 无反应	1—2—3—4—9 之间断路	用万用表检测 1—2、2—3、3—4、4—9，同时按下 SB2，如果表针不偏转，则故障就在这两个点之间
2	按 下 SB2，KM、KM丫 点动	3—KM 常开触点—4 之间断路	查看 3、4 节点，检查 KM 常开触点是否出现故障
3	按下 SB3，KM丫 线圈断电后 KM△ 线圈不得电	4—7—8—9 之间断路	用万用表检测 4—7、7—8（并按下 SB3）、8—9，如果表针不偏转，则故障就在这两个点之间

表 2-3-3　时间继电器控制 Y-△减压起动电路故障表

序　号	故障现象	故障范围	排除方法
1	按下 SB2 无反应	1—2—3—4—5—0 之间断路	用万用表检测 1—2、2—3、3—4（并按下 SB2）、4—5、5—0，如果表针不偏转，则故障就在这两个点之间
2	按下 SB2 时间继电器 KT 点动		
3	按下 SB2 时 KMY、KT 同时点动，KM 不动		
4	按下 SB2 时 KMY、KT、KM 同时点动		
5	星形起动正常，不能三角形运行		
6	按下 SB2，电动机星形起动，但时间继电器不动作，一直处于低压运行状态		

【项目总结】

学生进行自评和互评，教师进行点评和总结。评价标准表见表 1-1-5 三相异步电动机控制电路评分标准。

学习案例：按钮与接触器控制定子绕组串电阻减压起动，电气原理图如图 2-3-11 所示。

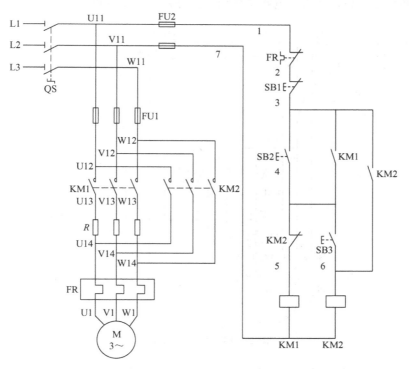

图 2-3-11　按钮与接触器控制定子绕组串电阻减压起动电气原理图

控制原理分析如图 2-3-12 所示。

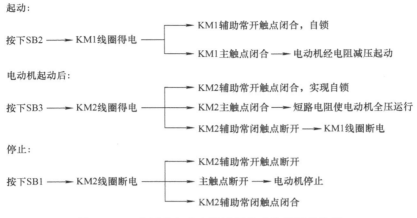

图 2-3-12　定子绕组串电阻减压起动控制原理分析

【巩固与提高】

1. 如何判断时间继电器是通电延时型还是断电延时型？画出其图形符号和文字符号。

2. 试分析通电延时型时间继电器和断电延时型时间继电器的延时动作关系，试将上述时间继电器控制丫-△减压起动电路（参见图 2-3-5）中的通电延时型时间继电器转换为断电延时型。

3. 请分析图 2-3-13，说出该电路的作用，并分析其工作过程。

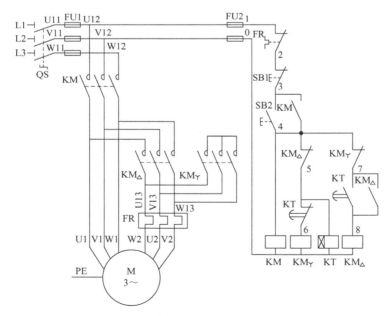

图 2-3-13　某电气原理图

【能力拓展项目】

1. 图 2-3-14 所示为定子绕组串电阻减压起动的两个主电路，试比较分析两个主电路的接线有何不同。

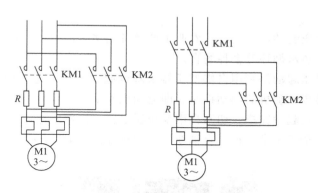

图 2-3-14　定子绕组串电阻减压起动主电路

2. 分析图 2-3-15 所示电气原理图，请分别针对图 2-3-15a、b 分析其工作原理，并作比较。

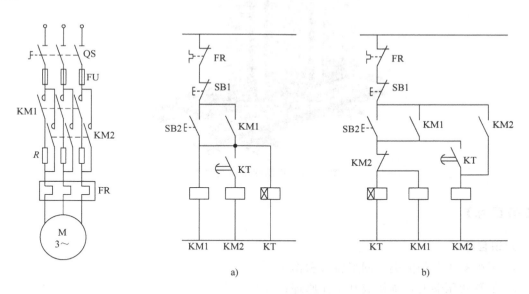

a)　　　　　　　　　　　b)

图 2-3-15　两种不同控制方式的电路

3. 某台三相笼型异步电动机，额定功率为 22kW，额定电流为 44.3A，额定电压为 380V。问：若要实施定子绕组串电阻减压起动，各相应串联多大的起动电阻？

子项目 2－4　带自耦变压器减压起动的水泵电动机控制

【任务描述】

带自耦变压器减压起动广泛用于工农业生产及各类建筑的给水、排水、消防、喷淋管网增压以及暖通空调冷热水循环等多种场合。

带自耦变压器减压起动是利用自耦变压器来降低起动电压，达到限制起动电流的目的，常用于大容量笼型异步电动机的起动控制。即电动机起动时，定子绕组得到的电压是自耦变压器的二次电压，一旦起动完毕，切断自耦变压器电路，把额定电压直接加在电动机的定子绕组上，电动机进入全压正常运行。自耦变压器实物如图 2-4-1 所示。

图 2-4-1　自耦变压器实物图

【任务目标】

知识目标：

1. 了解变压器的分类、图形符号和作用；
2. 了解变压器的基本构成和工作原理；
3. 理解带自耦变压器减压起动的含义；
4. 理解电力变压器的连接方式。

能力目标：

1. 能初步具备识别带自耦变压器减压起动控制电路的能力，并能分析其故障现象；
2. 能顺利地与相关人员进行沟通、交流；
3. 能准确识别带自耦变压器减压起动控制电路类型。

【完成任务的计划决策】

在电动机重载起动时，要求有比较大的起动转矩，用 丫-△ 减压起动不能满足起动要求，对三相笼型异步电动机而言，当额定功率超过 15kW 时可选择带自耦变压器减压起动方式。自耦变压器减压起动器是通过从自耦变压器上抽出一个或若干个抽头，以降低异步电动机起动时的端电压，从而减小起动电流的一种减压起动器。由于可以利用自耦变压器的多个抽头减压，因此这种起动器能适应不同负载起动的要求。其电压降低程度小于 丫-△ 减压起动，可获得比 丫-△ 减压起动更大的起动转矩。此外，因装有热继电器和失电压脱扣器，自耦变压器减压起动器还具有过载保护与失电压保护功能，常被用来起动容量较大的笼型异步电动机。

简单来说，自耦变压器是指一次绕组和二次绕组在同一条绕组上的变压器，根据结构可细分为可调压式和固定式。

【实施过程】

一、带自耦变压器减压起动的原理分析

自耦变压器一般有两组抽头，可以得到不同的输出电压（一般为电源电压的 80% 和 65%），起动时使自耦变压器中的一组抽头（例如 65%）接在电动机的回路中，当电动机的转速接近额定转速时，将自耦变压器切除，使电动机直接接在三相电源上进入运转状态。一般的自耦变压器接线如图 2-4-2 所示。

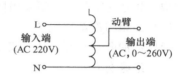

图 2-4-2　一般的自耦变压器接线

当被控电动机的容量为 14～300kW，电动机的定子绕组为星形联结时，可选用自耦变压器减压起动器进行减压起动。这种减压起动器有手动和自动操作两种形式，手动操作的有 QJ3、QJ5、QJ10 等型号，自动操作的有 XJ01 型和 CTZ 型等型号。

知识点学习 1：变压器知识

1. 变压器的作用和分类

作用：变压器是应用电磁感应原理，在频率不变的基础上将电压升高或降低，以利于电力的输送、分配和使用的电器。变压器可变换电压，变换电流（变流器、大电流发生器），变换阻抗（如电子电路中输入/输出变压器），改变相位（如改变线圈的连接方法来改变变压器的极性）。其分类如下：

1）按功能分，有升压变压器和降压变压器。

2）按相数分，有三相变压器和单相变压器。

3）按结构类型分，有心式变压器和壳式变压器。

4）按调压方式分，有无励磁调压变压器和有载调压变压器。

5）按绕组数目分，有双绕组变压器、三绕组变压器和自耦变压器。

6）按冷却介质分，有干式变压器、油浸式变压器和空气式变压器等。而油浸式变压器又分为油浸自冷式、油浸风冷式和强迫油循环风冷（或水冷）式三种类型。

7）按其绕组导体材料分，有铜绕组和铝绕组两种类型。

2. 变压器的结构

变压器主要由铁心和线圈（绕组）两部分组成。变压器的主要结构包括器身、油箱、冷却装置、保护装置、出线装置和变压器油。变压器器身又称心体，是变压器最重要的部分。

（1）铁心

铁心可分为壳式和心式。心式最常用，心式铁心成"口"字形，线圈包着铁心；壳式铁心成"日"字形，铁心包着线圈。

铁心是变压器的磁路部分，为了提高磁路的磁导率和降低铁心的涡流损耗，铁心采用高磁导率的冷轧硅钢片，其厚度一般为 0.25～0.35mm。硅钢片表面涂有绝缘漆，主要是为了降低涡流损耗。

小容量变压器一般做成方形或长方形，而大型变压器为了节省材料和充分利用线圈内圆空间，铁心的截面都做成多级阶梯形，并在铁心中设计了散热油道，将铁心运行时产生的热量通过绝缘油循环带走，达到良好的冷却效果。

（2）线圈

线圈是变压器的电路部分，它一般用绝缘的铜或铝导线绕制。绕制线圈的导线必须是包扎绝缘，最常用的是纸包绝缘，也有采用漆包线直接绕制的。线圈可分为同心式和交叠式两种结构，电力变压器的线圈采用同心式结构。

（3）油箱与冷却装置

变压器油既是绝缘介质，又是冷却介质。变压器的冷却介质有变压器油和空气。

（4）绝缘套管

绝缘套管是将线圈的高、低压引线引到箱外的绝缘装置，起到使引线对地（外壳）绝缘和固定引线的作用。

（5）保护装置

保护装置包括储油柜、吸湿器、净油器、气体继电器、防爆管、事故排油阀门、温度计、油标等。

（6）分接开关

为了使配电系统得到稳定的电压，必要时需要利用变压器调压。

变压器调压的方法是在高压（中压）绕组上设置抽头，用以改变线圈匝数，从而改变变压器的电压比，进行电压调整。抽出抽头的这部分线圈电路称为调压电路，可调压的抽头称为分接开关或称调压开关，俗称"分接头"。

3. 工作原理

变压器是按电磁感应原理工作的。如果把变压器的一次绕组接在交流电源上，在一次绕组中就有交变电流流过，交变电流将在铁心中产生交变磁通，这个交变的磁通经过闭合磁路同时穿过一次绕组和二次绕组，如图 2-4-3 所示。

变压器的作用如下：

（1）变换交流电压

当变压器的一次绕组接上交流电之后，在一次、二次绕组中通有交变的磁通，若漏磁通略去不计，可认为穿过一次、二次绕组的交变磁通相同，因而每匝线圈所产生的感应电动势相等。设一次、二次绕组中产生的感应电动势分别是：$E_1 = N_1 \Delta\Phi/\Delta t$，$E_2 = N_2 \Delta\Phi/\Delta t$。

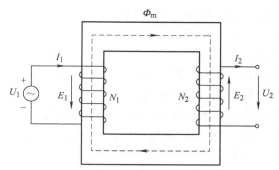

图 2-4-3　变压器工作原理示意

所以
$$E_1/E_2 = N_1/N_2$$
$$U_1/U_2 \approx N_1/N_2 = K \tag{2-2}$$

式中，K 为电压比。

结论：变压器一次、二次绕组的端电压之比等于其线圈的匝数比。

如果 $N_1 < N_2$，U_2 就大于 U_1，变压器使电压升高，这种变压器叫升压变压器。

如果 $N_1 > N_2$，U_1 就大于 U_2，变压器使电压降低，这种变压器叫降压变压器。

（2）变换交流电流

根据交流电功率的公式 $P = UI\cos\varphi$，得 $U_1 I_1 \cos\varphi_1 = U_2 I_2 \cos\varphi_2$。式中，$\cos\varphi_1$ 是一次电流的功率因数，$\cos\varphi_2$ 是二次电流的功率因数，φ_1 和 φ_2 通常相差很小，在实际计算中认为相等，因而得：
$$U_1 I_1 = U_2 I_2$$

即
$$I_1/I_2 = N_2/N_1 = 1/K \tag{2-3}$$

可见，变压器工作时一次、二次绕组中的电流跟线圈的匝数成反比。变压器的高压线圈匝数多而通过的电流小，可用较细的导线绕制；低压线圈匝数少而通过的电流大，应用较粗的导线绕制。

（3）变换交流阻抗

在电子线路中，常用变压器来变换交流阻抗。我们知道，无论收音机还是其他电子装置，总希望负载获得最大功率，而负载获得最大功率的条件是负载阻抗等于信号源的内阻，此时称为阻抗匹配。但实际中，阻抗往往是不相等的，需利用变压器来进行阻抗匹配，使负载获得最大功率。

设变压器一次输入阻抗（即一次侧两端所呈现的等效电阻）的模为 $|Z_1|$，二次负载阻抗的模为 $|Z_2|$，则
$$|Z_1| = U_1/I_1$$

将 $U_1 = N_1/N_2 \times U_2$，$I_1 = N_2/N_1 \times I_2$，代入上式得
$$|Z_1| = (N_1/N_2)^2 \times U_2/I_2$$

因 $U_2/I_2 = |Z_2|$，故 $|Z_1| = (N_1/N_2)^2 |Z_2| = K^2 |Z_2|$

可见，在二次侧接上负载阻抗 $|Z_2|$，相当于使电源直接接上一个阻抗：
$$|Z_1| = K^2 |Z_2| \tag{2-4}$$

【例 2-4-1】　有一电压比为 220V/110V 的降压变压器，如果在二次侧接上 55Ω 的电阻，求变压器一次侧的输入阻抗。

解：由 $U_1/U_2 \approx N_1/N_2 = K$，得 $K = 220/110 = 2$

由 $|Z_1| = K^2|Z_2| = 2^2 \times 55\Omega = 220\Omega$

4. 变压器的联结组标号

变压器的联结组标号表征的是变压器一次、二次绕组因连接方式不同而形成变压器一次侧、二次侧对应的线电压之间的不同相位关系。

联结组标号表示方法：为了形象地表示一次、二次绕组线电压之间的关系，采用"时钟表示法"，即把一次绕组的线电压作为时钟的长针，并固定在"12"上，二次绕组的线电压作为时钟的短针，短针所指的数字即为三相变压器的联结组标号，该标号也是二次绕组的线电压滞后于一次绕组线电压的相位差除以 $30°$ 所得的值。

(1) Yyn0 联结

该联结组标号为零号。

高压绕组：首端 A、B、C，尾端 X、Y、Z。

低压绕组：首端 a、b、c，尾端 x、y、z。

Yyn0 联结方式如图 2-4-4 所示。

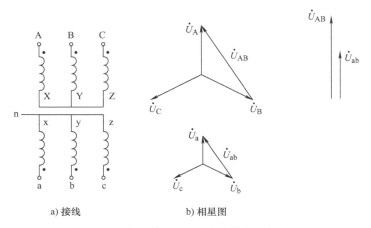

a) 接线　　　　　　　b) 相星图

图 2-4-4　变压器 Yyn0 联结的接线和相量图

(2) Yy6 联结

Yy6 联结方式如图 2-4-5 所示。

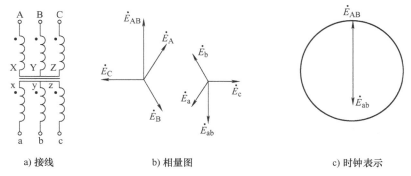

a) 接线　　　　　　b) 相量图　　　　　　c) 时钟表示

图 2-4-5　变压器 Yy6 联结的接线、相量图和时钟表示

（3）Yd1 联结

Yd1 联结方式如图 2-4-6 所示。

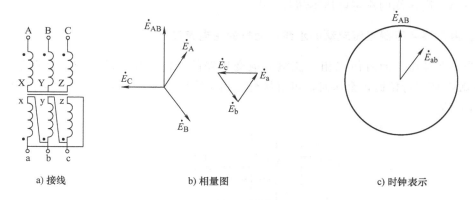

|a) 接线|b) 相量图|c) 时钟表示|

图 2-4-6　变压器 Yd1 联结的接线、相量图和时钟表示

（4）Dyn11 联结

Dyn11 联结方式如图 2-4-7 所示。

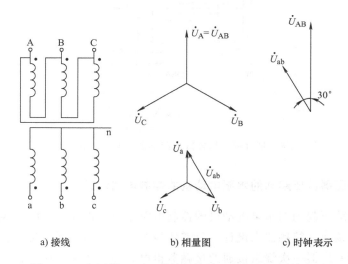

|a) 接线|b) 相量图|c) 时钟表示|

图 2-4-7　变压器 Dyn11 联结的接线、相量图和时钟表示

　　总结：变压器一次、二次绕组不同接法的组合形式有：Yy、YNd、Yd、Yyn、Dy、Dd 等，其中最常用的组合形式有 YNd、Yd 和 Yyn 三种。对于高压绕组来说，接成星形最为有利，因为它的相电压只有线电压的 $1/\sqrt{3}$，当中心点引出接地时，绕组对地的绝缘要求降低了。大电流的低压绕组，采用三角形联结时导线截面积是星形联结时的 $1/\sqrt{3}$，方便绕制，所以大容量的变压器通常采用 YNd 和 Yd 联结。容量不太大而且需要中心线的变压器，广泛采用 Yyn 联结，以适应照明与动力混合负载需要的两种电压。

　　对于三相电力变压器，国家标准规定了五种标准联结组标号：Yyn0、YNd11、YNy0、Yy0 和 Yd1。

上述五种联结组标号中 Yyn0 是用得最多的，它用于容量不大的三相配电变压器，二次电压为 400～230V，用以给动力和照明的混合负载供电。一般这种变压器的最大容量为 1800kV·A，高压侧的额定电压不超过 35kV。

二、带自耦变压器减压起动的水泵电动机的主电路设计

因为要在减压起动时使三相交流电源取变压器的二次电压，故采取了接触器 KM1 和 KM2 主触点来进行接通，全压时，可直接将三相交流电源通过 KM3 的主触点控制电动机，如图 2-4-8 所示。

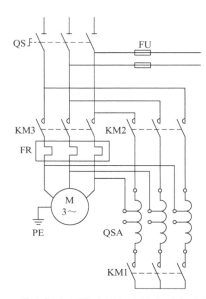

图 2-4-8　带自耦变压器减压起动的水泵电动机主电路

三、带自耦变压器减压起动的水泵电动机的控制电路设计

带自耦变压器减压起动的水泵电动机的控制电路主要根据在主电路中控制自耦变压器一次绕组和二次绕组接通的接触器来设计，只需使控制二次绕组接通的接触器先得电，实现减压；再使控制自耦变压器一次绕组接通的接触器得电，即可实现全压运行。控制的开关可采用按钮、时间继电器、转换开关等实现。如图 2-4-9 所示，利用时间继电器和中间继电器实现，同时图中采用了 3 个指示灯代表减压和全压的不同状态。

具体来说，在主电路中，KM1 为减压起动的接触器，KM2 为全压运行的接触器。在控制电路中，KA 为中间继电器，KT 为减压起动的时间继电器，HL1 为电源指示灯，HL2 为减压起动的指示灯，HL3 为全压运行的指示灯。

学习案例：仅用时间继电器实现带自耦变压器减压起动控制电路。

如图 2-4-10 所示，是仅用时间继电器来实现减压到全压起动的。其工作过程是闭合 QS，然后按下 SB2，KT 和 KM1 线圈同时得电，KT 的瞬动触点闭合，形成自锁，同时通电延时计时开始，此时 KT 和 KM1 线圈同时得电，电动机定子绕组接自耦变压器的二次电压，减压起动。计时时间到，和 KM1 串联的 KT 延时断开的常闭触点断开使 KM1 线圈断

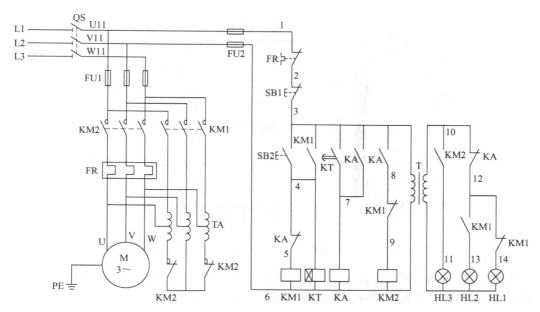

图 2-4-9　带自耦变压器减压起动的水泵电动机控制电路

电，与 KM2 线圈串联的 KT 延时闭合常开触点闭合，KM2 线圈得电，此时 KT 和 KM2 线圈都得电，电动机进入全压运行。按下 SB1，KT 和 KM2 线圈都断电。

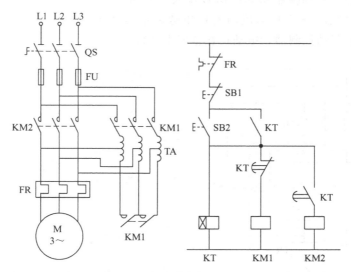

图 2-4-10　仅用时间继电器实现带自耦变压器减压起动控制电路

知识点学习 2：软起动控制器的应用

软起动是采用软起动控制器控制电动机起停的一项新技术。西诺克 Sinoco - SS2 系列软起动控制器如图 2-4-11 所示，它采用微机控制技术，可以实现交流异步电动机的软起动、软停车和轻载节能，同时还具有过载、断相、过电压、欠电压等多种保护功能。

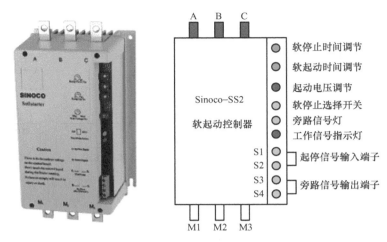

图 2-4-11　西诺克 Sinoco‑SS2 系列软起动控制器

　　软起动控制器的主要组成部分是一组串接于电源与被控电动机之间的三相反并联晶闸管及其电子控制电路，其控制原理是通过控制软件（程序），控制三相反并联晶闸管的导通角，使被控电动机的输入电压按设定的某种函数关系变化，从而实现电动机软起动或软停车的控制功能。

　　软起动电路如图 2-4-12 所示，其软起动过程是：按 SB2→KA 线圈得电并自锁→KA 常开触点闭合，通过软起动控制器起停信号输入端子 S1—S2 给控制器送 "1"→电动机按设定过程起动，起动完成→软起动控制器输出旁路信号使 S3—S4 闭合→KM 得电并自锁→KM 主触点旁路软起动控制器，电动机在全压下运行。

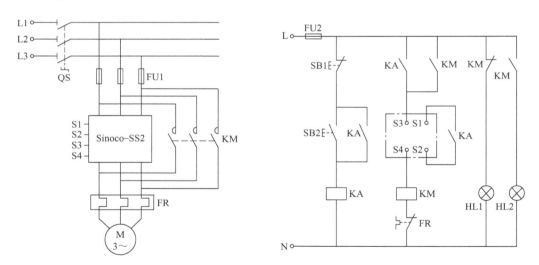

图 2-4-12　软起动电路

　　软停止过程是：按 SB1→KA 线圈失电→KA 常开触点断开，通过 S1—S2 给控制器送 "0"→软起动控制器使 S3—S4 断开→KM 线圈失电→KM 主触点断开，使软起动控制器接入→电动机按设定过程停车。

四、带自耦变压器减压起动的水泵电动机电气控制电路的安装

安装前，应列出相应的电器元件明细表，绘制电器元件布置图和安装接线图等，再进行电路的安装、运行和调试，电气原理图如图2-4-9所示。

（一）电器元件明细表

电器元件明细表详见表2-4-1。

表 2-4-1　电器元件明细表

符　号	名　　称	型号及规格	数　量	用　途	备　注
M	三相交流异步电动机	Y112M - 2 380V 20kW	1		
SB2	起动按钮	LA4 - 3H	1	起动电动机	
SB1	停止按钮	LA4 - 3H	1	停止电动机	
FU1	主电路熔断器	RL1 - 60/20	3	主电路短路保护	
FU2	控制电路熔断器	RL1 - 15/2	3	控制电路短路保护	
KM	交流接触器	CJ10 - 20	2	控制电动机	
KT	时间继电器	数字通电延时型	1	设定减压起动时间	
KA	中间继电器	CN3 - DA22	1	中间转换	
HL1	指示灯	24V LED	1	电源指示灯	
HL2	指示灯	24V LED	1	减压起动指示灯	
HL3	指示灯	24V LED	1	全压运行指示灯	
TA	自耦变压器	QBZ 380V 50Hz	1	自耦变压器	
T	变压器	BK - 3KVA 380V/24V	1	照明电源	
QS	组合开关	HZ10 - 25/3	1	电源的引入或分断	
FR	热继电器	380V	1	热过载保护	
	绝缘导线	BV1.5mm²		主电路接线	
	绝缘导线	BVR0.75mm²		控制电路接线	
	木质板	400mm×600mm		安装电路	
	木螺钉		适量	紧固作用	
XT	端子排	TB - 1512	1	连接	
XT	端子排	TB - 2512L	1	连接	

（二）所需工具器材

所需工具器材有各类常用电工工具（螺钉旋具、钳子、验电笔、剥线钳等）、万用表、电器安装底板、端子排、BV1.5 mm²和BVR0.75mm²绝缘导线、熔断器、交流接触器、中间断电器、热继电器、组合开关、按钮、时间继电器、指示灯、变压器、三相交流异步电动机1台等。

（三）元件质量检测

同上一项目。

（四）绘制电器元件布置图和安装接线图

1）绘制电器元件布置图，如图2-4-13所示。

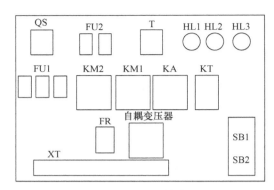

图 2-4-13　电器元件布置图

2）实物安装接线图演示。本项目重在对原理和应用的理解，可以不必安装，其实物安装接线图可参考图 2-4-14，该实物安装接线图更加直观，易于理解。

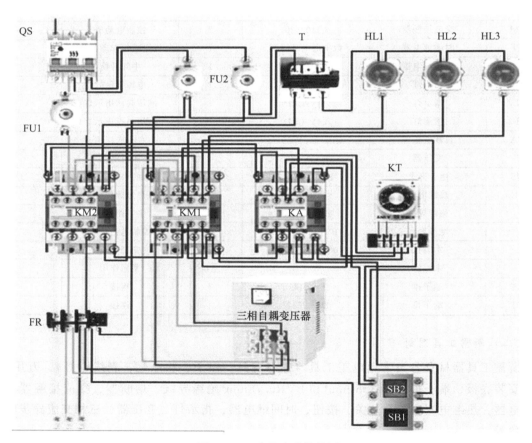

图 2-4-14　实物安装接线图

（五）带自耦变压器减压起动的水泵电动机控制电路安装要点

本项目可重在理解，且安排课时有限，可不进行接线，仅进行分析。

【项目检查与评估】

针对前面设计提出自己的思路，如是否可以采取其他的控制方式，同时请在表 2-4-2 中对图 2-4-9 可能出现的故障进行分析和总结。

表 2-4-2 带自耦变压器减压起动的水泵电动机控制电路故障分析表

序　号	故 障 现 象	故 障 范 围	排 除 方 法
1			
2			
3			
4			

【巩固与提高】

1. 有一信号源的电动势为 1V，内阻抗为 600Ω，负载阻抗为 150Ω，欲使负载获得最大功率，必须在信号源和负载间接一匹配变压器，使变压器的输入阻抗等于信号源的内阻抗。问变压器的电压比、一次电流、二次电流各为多大？

2. 将软起动控制器实现的减压起动单向运行改为减压起动正反转运行。

项目三　升降机控制系统的设计、安装与调试

子项目 3-1　升降机的双速控制

【任务描述】

我们经常看到升降机在载送人时速度适中，在运送货物时速度会很快，这是因为其可以进行速度的调整，通常采用了能够调速的三相电动机，如多速电动机或是绕线转子电动机等。同时调速也适用于对速度要求不高的场合，如用于电梯、起重机、带式输送机等要求恒转矩调速的场合，如图 3-1-1 所示。

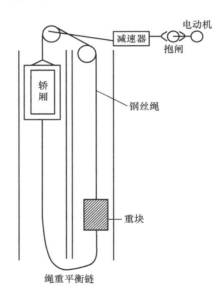

图 3-1-1　某电梯示意图

升降机的双速控制可通过调节转差率、调节磁极对数和变换频率等方式实现。

知识点学习 1：调速相关知识

由三相异步电动机转速公式 $n=60f_1(1-s)/p_1$，可知三相异步电动机调速方法有变极调速、改变转差率调速和变频调速三种。

1. 变极调速

改变电动机的磁极对数实现调速，适用于笼型异步电动机。变极调速常用的方法是通过改变定子绕组的连接方式构成双速电动机。双速电动机在绕组极数改变后，其相序和原来的相反，所以在变极调速的同时将改变三相绕组电源的相序，以保持电动机在低速和高速时的转向相同。

2. 改变转差率调速

改变转差率调速，适用于绕线转子异步电动机。改变转差率调速可通过调节定子电压、改变转子电路中的电阻以及采用串级调速来实现。

3. 变频调速

改变电动机电源频率调速，调速范围宽，平滑性好，是目前积极推广的且节约能源的一种调速方式。

【任务目标】

知识目标：

1. 理解双速电动机的结构和连接方式；
2. 理解电动机的调速公式；
3. 进一步了解中间继电器的符号和作用；
4. 理解调速的方法和具体的应用。

能力目标：

1. 能进行双速控制电路的主电路设计；
2. 能根据电气原理图进行电路的安装、调试和排故；
3. 能与相关人员沟通得出方案，并能自我学习和提高。

【完成任务的计划决策】

对于升降机的双速控制，调整速度的方式很多，但是应从基础电动机的应用出发，故选择双速电动机进行控制，采用变极调速，通过电路改变双速电动机的定子绕组的接法，将升降机的速度分为低速和高速。该类调速控制还可改善机床的调速性能，简化变速机构，因此在车、铣、镗床中都有应用。

【实施过程】

一、升降机的双速控制方式分析

升降机的双速控制即是对升降机的两种不同的速度进行转换，为了明显区分，将速度分为低速和高速，两种速度可以相互转换，而速度的控制主要依靠接触器将双速电动机的半相绕组进行串联或并联来完成，可以将其绕组连接成 △/丫丫 联结和 丫/丫丫 联结。

知识点学习 2：双速电动机的变极调速

1. 变极调速原理

变极调速是改变定子绕组的组成和联结方法来改变磁极对数。绕组改变一次极对数，可获得两个转速，成为双速电动机；改变两次极对数，可获得 3 个转速，成为三速电动机；同理还有四速、五速电动机，但要受到定子结构和绕组接线的限制。当定子绕组的磁极对数改变后，转子绕组的磁极对数必须相应地改变。由于笼型异步电动机的转子无固定的磁极对数，能随定子绕组极对数的变化而变化。

现以双速电动机为例，介绍变极调速原理。双速电动机的定子绕组在制造时即分为两个相同的半相绕组，以 U 相绕组为例，分为 U1—U1′和 U2—U2′。

如图 3-1-2a 所示，两个半相绕组串联，电流由 U1 流入，经 U1′、U2，由 U2′流出，用右手螺旋定则可知，这时绕组产生的磁极为 4 极，磁极对数为 2。

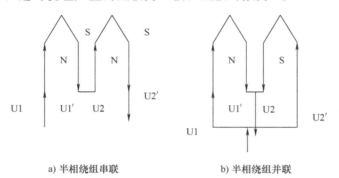

a) 半相绕组串联　　　　b) 半相绕组并联

图 3-1-2　笼型异步电动机变极调速原理

如图 3-1-2b 所示，两个半相绕组并联，电流由 U1、U2′流入，由 U1′、U2 流出，用右手螺旋定则，绕组产生的磁极为 2 极，磁极对数为 1。

因此，两个半相绕组串联时，绕组磁极对数是并联时的 2 倍，而电动机的转速是并联时的 1/2，即串联时为低速，并联时为高速。绕组磁极对数只能成双改变。

2. 双速电动机的接线方式

由于每相绕组均可串联或并联，对于三相绕组可以接成星形和三角形联结，所以接线方式很多。双速电动机常用的接线方式有 △/丫丫 联结和 丫/丫丫 联结两种。

（1）△/丫丫 联结

图 3-1-3a 所示定子绕组为 △ 联结，每半相绕组串联，为四极，低速运行。

图 3-1-3b 所示定子绕组为 丫丫 联结，每半相绕组并联，为两极，高速运行。

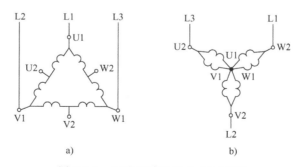

a)　　　　b)

图 3-1-3　双速电动机的 △/丫丫 联结

（2）丫/丫丫 联结

可用 1、2、3 代表 U1、V1、W1 的首个半相绕组，4、5、6 代表 U2、V2、W2 的第二个半相绕组，也可省略。

图 3-1-4a 为定子绕组为丫联结，每半相绕组串联，为四极，低速运行。

图 3-1-4b 为定子绕组为丫丫联结，每半相绕组并联，为两极，高速运行。

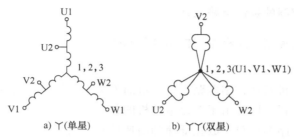

a) 丫(单星)　　　　　b) 丫丫(双星)

图 3-1-4　双速电动机的丫/丫丫联结

总结：

△/丫丫联结虽然转速提高，但是功率提高不多，属恒功率调速（调速时，电动机输出功率不变），适用于金属切削机床；丫/丫丫联结属恒转矩调速（调速时，电动机输出转矩不变），适用于起重机、电梯、带式输送等。

二、升降机双速控制的主电路设计

升降机双速控制的主电路主要是利用接触器的主触点将双速电动机的半相绕组进行串联和并联，以实现两种不同的速度。需注意的是双速电动机接线前，要仔细阅读电动机使用说明书和电动机铭牌，严格按照厂家给定的接线方式接线。

因为升降机系统和起重设备类似，我们将主电路连接成丫/丫丫联结方式。如图 3-1-5 所示，首先将 KM1 的主触点闭合，U1、V1、W1 接三相电源，U2、V2、W2 悬空。双速电动机绕组构成星形联结，电动机低速运行。当 KM2 和 KM3 的主触点闭合时，U1、V1、W1 接在一起，U2、V2、W2 分别接 3 条相线。电动机构成双星形联结，电动机高速运行。

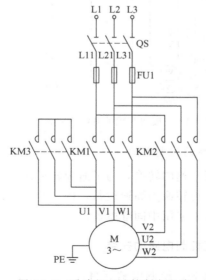

图 3-1-5　升降机双速控制主电路

需注意 KM1 和 KM2、KM3 之间必须有互锁，KM2 的主触点改变电源的相序，电动机保持原来的转向高速运转。

三、升降机双速控制的控制电路设计

双速电动机常用的控制电路有按钮控制电路和按时间原则自动转换的控制电路。

（一）按钮控制电路

用按钮实现的升降机双速控制电路，可在单向连续运行控制电路的基础上，分为两路单独控制低速和高速的运行，同时由于双速电动机的首尾端在主电路中换了相，若是首尾端同时通电，会造成两相短路的现象，故在低速和高速控制电路中应设置相应的互锁电路。

如图 3-1-6 所示，SB2 为低速起动按钮，SB3 为高速起动按钮，SB1 为停止按钮，设置了机械互锁和电气互锁两种互锁，可以在低速和高速间自由地转换。也可在高速的自锁回路中串联 KM2、KM3 的辅助常开触点，使高速时两个线圈必须都得电，双速电动机才能高速长动。

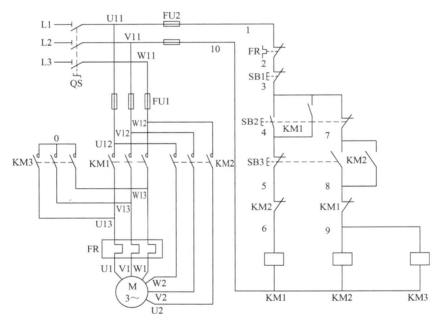

图 3-1-6　按钮实现的升降机双速控制电路

（二）按时间原则自动转换的控制电路

一般若采用时间原则进行双速的转换，为了避免转换速度时的冲击过大，通常采用进行低速运行，运行一段时间后，再转换为高速运行，图 3-1-7 所示电路为用中间继电器和时间继电器实现的双速控制，也可不采用中间继电器。

四、升降机双速控制电气控制电路的安装

列出相应的电器元件明细表，绘制电器元件布置图和安装接线图等，再进行电路的安装、运行和调试，电气原理图采用图 3-1-6 所示电路。

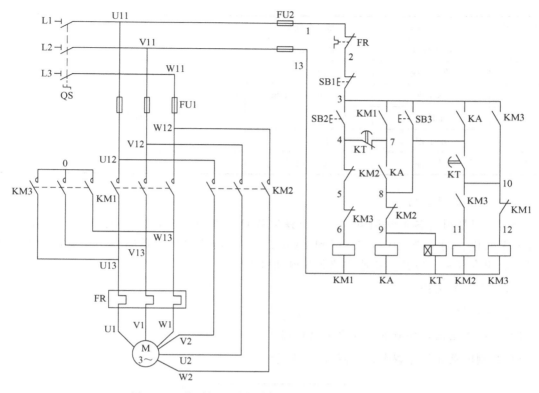

图 3-1-7　按时间原则自动转换的升降机双速控制电路

（一）电器元件明细表

电器元件明细表详见表 3-1-1。

表 3-1-1　电器元件明细表

符　号	名　　称	型号及规格	数　量	用　　途	备　注
M	双速交流异步电动机	YD90L－4/2 380V 1.8kW	1		
SB1	停止按钮	LA4－3H	1	停止电动机	
SB2	低速起动按钮	LA4－3H	1	低速起动	
SB3	高速起动按钮	LA4－3H	1	高速起动	
FU1	主电路熔断器	RL1－60/20	3	短路保护	
FU2	控制电路熔断器	RL1－15/2	3	控制电路短路保护	
KM1	交流接触器	CJ20－10 380V	1	控制 M 低速	
KM2	交流接触器	CJ20－10 380V	1	控制 M 高速	
KM3	交流接触器	CJ20－10 380V	1	控制 M 高速	
QS	组合开关	HZ10－25/3	1	电源的合断	
FR	热继电器	3UA50 40－1E，整定：2.5～4A	1	M 过载保护	

117

（续）

符　号	名　　称	型号及规格	数　量	用　　途	备　注
	绝缘导线	BV1.5mm²		主电路接线	
	绝缘导线	BVR0.75mm²		控制电路接线	
	木质板	400mm×600mm		安装电路	
	木螺钉		适量	紧固作用	
XT	端子排	TB-1512	1	连接	
XT	端子排	TB-2512L	1	连接	

（二）所需工具器材

所需工具器材有各类常用电工工具（螺钉旋具、钳子、验电笔、剥线钳等）、万用表、电器安装底板、端子排、BV1.5mm² 和 BVR0.75mm² 绝缘导线、熔断器、交流接触器、热继电器、组合开关、按钮、双速交流异步电动机 1 台。

（三）元件质量检测

同上一项目。

（四）绘制电器元件布置图和安装接线图

1）绘制电器元件布置图，如图 3-1-8 所示。

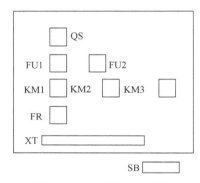

图 3-1-8　电器元件布置图

2）根据电气原理图、电器元件布置图和电气原理图中元件编号，查找对应元件，画出安装接线图，如图 3-1-9 所示。

（五）升降机双速控制电路安装要点

1. 电动机接线

1）低速——星形联结（4 极），此时 U1、V1、W1 接三相电源，U2、V2、W2 悬空。

2）高速——双星形联结（2 极），此时 U1、V1、W1 接在一起，U2、V2、W2 分别接 3 条相线。

2. 其余要点

同上一项目。

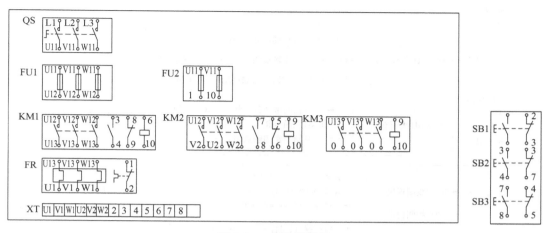

图 3-1-9　安装接线图

【项目检查与评估】

一、安装电路的检测

（一）电路静态检测

1. 检测主电路

接线完毕，确认无误后，在不接通电源的状态下对主电路进行检测。

可按电路图或接线图从电源端开始，逐段核对接线有无漏接、错接之处，检查导线连接点是否符合要求，压接是否牢固，以免带负载运行时产生闪弧现象，也可用万用表按以前项目的方法进行检测。

2. 检测控制电路

1）低速检测：断开主电路，按下低速起动按钮 SB2，万用表读数应为交流接触器线圈的直流电阻值（如 CJX2 线圈的直流电阻约为 1500Ω），松开 SB2，万用表读数应为"∞"；松开低速起动按钮 SB2，按下 KM1 触点架，使其自锁触点闭合，万用表读数应为交流接触器线圈的直流电阻值。

2）高速检测：按下高速起动按钮 SB3，万用表读数应为 KM2 和 KM3 线圈的并联直流电阻值，松开 SB3，万用表读数应为"∞"。

按下 KM2 的触点架，万用表读数应为 KM2 和 KM3 线圈的并联直流电阻值。

3）停车检测：按下停止按钮 SB1，万用表读数应为"∞"。

（二）电路动态检测并通电试车运行

1. 工作过程分析

起动过程分析如图 3-1-10 所示。

转入高速运行状态后按下停止按钮，则电动机停转。停止过程分析如图 3-1-11 所示。

2. 通电试车运行

通电顺序和热继电器的整定值同上一项目。

起动：

低速运行：

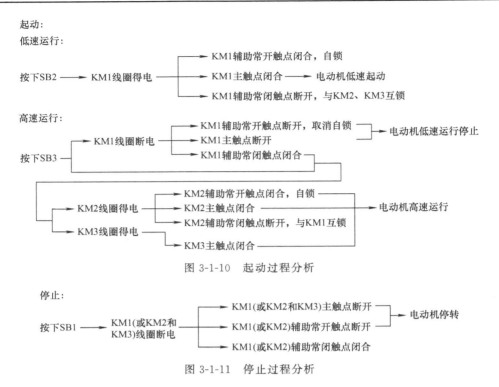

图 3-1-10　起动过程分析

图 3-1-11　停止过程分析

试运行过程：闭合 QS，按下 SB2，电动机低速运转；再按下 SB3，电动机先低速后高速运转。按下按 SB1，电动机停转。

注意：试运行前，要检查电动机接线，必须有指导教师在现场监护。

二、电路故障的检修

电路中出现故障，应独立检修，若需要带电检测时，必须有教师在现场监护。检修完毕再次试车，也应有教师监护，请同学们在表 3-1-2 中列出部分故障现象分析。

表 3-1-2　升降机双速控制电路故障

序　号	故 障 现 象	故 障 范 围	排 除 方 法
1			
2			
3			

【项目总结】

学生进行自评和互评，教师进行点评和总结。评价标准表见表 1-1-5 三相异步电动机控制电路评分标准。

【巩固与提高】

1. 双速电动机的定子绕组共有几个出线端？分别画出双速电动机在低速、高速运行时定子绕组的接线方法。

2. 三相异步电动机的调速方法有哪些？常见的变极调速是如何实现的？

3. 如图 3-1-12 所示，请分析其工作原理，并参照图 3-1-13 自行完成安装接线图的绘制。

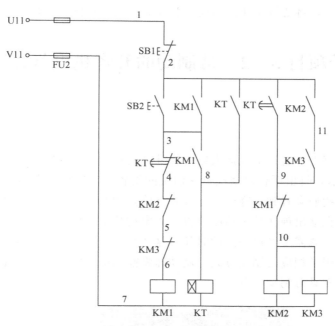

图 3-1-12　时间继电器控制双速电动机电气原理图

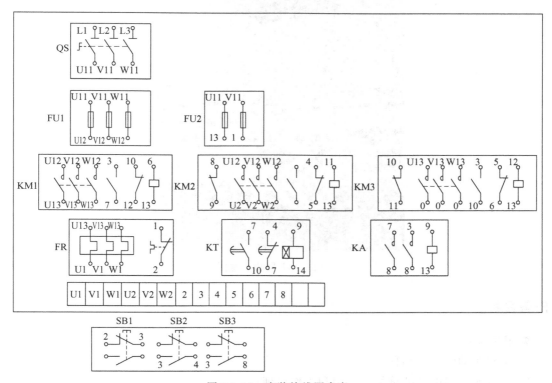

图 3-1-13　安装接线图参考

【能力拓展项目】

查询变频器资料，将变极调速改为运用变频器调速，具体要求自定。

子项目 3 – 2   带制动的升降机电气控制

【任务描述】

升降机是在垂直上下通道上载运人或货物升降的平台或半封闭平台的提升机械设备或装置，如图 3-2-1 所示，是由平台以及操纵它们用的设备、电动机、电缆和其他辅助设备构成的一个整体。一般我们会看到升降机会上升和下降，也会在上升或下降时突然停留在空中，在某些机床设备中也会出现在某个角度或方位固定在某个动作。这时如果采用直接停止，电动机由于机械惯性，总需要经过一定的时间，这往往不能满足生产机械快速停车的要求。因此这些设备都是采用了相应的制动方式。制动即将控制运行的电动机快速停止，如电梯、卷扬机、机床等设备常具有制动设备。

图 3-2-1   升降机示意图

【任务目标】

知识目标：

1. 了解制动的作用和种类；

2. 理解速度继电器的符号、作用和工作原理；

3. 理解能耗制动和反接制动的含义;

4. 初步了解电磁抱闸制动的应用。

能力目标:

1. 能够正确识别和区分制动电气控制并能进行相应的安装与调速;

2. 能根据控制要求选择相应的元件;

3. 能够正确地进行线路接线图绘制与故障的排除;

4. 能够顺利地与成员进行交流,发表意见,并具备自我学习的能力。

【完成任务的计划决策】

制动的方式比较多,如在要求快速准确停车的场合我们通常采用能耗制动方式;对于频繁正反转的电力拖动系统,常采用反接制动方式;对于电梯升降机内常采用的是电磁抱闸制动方式。为了更多地了解制动的应用方式,下面着重对不同的制动方式进行分析,故只取升降机的一个方向运行进行制动,即按下起动按钮,电动机开始运行,当按下停止按钮,电动机即进行制动,加速停止。

【实施过程】

一、制动在升降机控制系统的应用分析

制动是起动的逆过程,以电动机为例,就是使电动机的转矩与转速反向,即起反抗运动的作用,也可指电动机转速由某一稳定转速迅速降为零的过程或者使电动机产生的转矩重新与负载转矩相平衡,从而使电动机的转速下降到另一恒定值的过程。升降机的制动可以采用能耗制动也可以采用机械制动。一些重型设备制动时,通常是能耗制动与电磁抱闸制动配合使用,下面对制动方式分析时,主要是针对这两种分析方式进行学习。

知识点学习 1:制动分类

制动方式有两种大类:机械制动和电气制动。机械制动是用机械装置产生机械力来强迫电动机迅速停车,如电磁抱闸制动。电气制动是使电动机的电磁转矩方向与电动机旋转方向相反,起制动作用。电气制动分为反接制动、能耗制动、再生制动以及派生的电容制动等。

（一）机械制动方式在升降机控制系统的应用

电磁抱闸制动是机械制动,是利用外加的机械作用力,使电动机迅速停止转动。由于这个外加的机械作用力是靠电磁制动闸（闸瓦）紧紧抱住与电动机同轴的制动轮（闸轮）来产生的,所以称为电磁抱闸制动。电磁抱闸制动又分为两种,即断电电磁抱闸制动和通电电磁抱闸制动。

电磁抱闸制动的优点是制动力矩大,制动迅速,安全可靠,停车准确。其缺点是制动越快,冲击振动就越大,对机械设备不利。由于这种制动方式较简单,操作方便,所以在生产现场得到广泛应用。电磁抱闸制动装置体积大,对于空间位置比较紧凑的机床一类的机械设备来说,由于安装困难,故采用较少,但是升降机、电梯系统使用较频繁。

至于选用哪种电磁抱闸制动方式,要根据生产机械工艺要求决定。一般在电梯、吊车、

卷扬机等一类升降机械上，应采用断电电磁抱闸制动方式；机床一类经常需要调整加工件位置的机械设备，往往采用通电电磁抱闸制动方式。

（二）电气制动方式在升降机控制系统的应用

电气制动方式在实际中应用很多，在升降机控制系统中常用的是反接制动和能耗制动。

1. 反接制动控制分析

反接制动是电动机电气制动方式之一，此方式有制动力大、制动迅速的优点，多用在要求停止动作准确的机械设备控制电路。当电路需要反接制动时，可将电动机电源线任意两相对调，电动机的旋转磁场立即改变方向，但电动机转子由于惯性依然保持原来的转向，转子的感应电动势和电流方向改变，电磁转矩方向也随之改变，与转子旋转方向相反，起到制动作用，使电动机迅速停止。反接制动适用于带有正反转的要求准确停车的电路。

注意：当电动机转速接近零时，应立即切断电源，否则电动机将反转，故常采用高速度继电器。

知识点学习 2：速度继电器

速度继电器又称为反接制动继电器，主要用于三相交流异步电动机的反接制动控制。

感应式速度继电器主要由定子、转子和触点三部分组成，转子是一个圆柱形永久磁铁，定子是一个笼形空心圆环，由硅钢片叠成，并装有笼形绕组。速度继电器在结构原理上与交流异步电动机类似，是靠电磁感应原理实现触点动作的，其工作原理示意图和电路图形符号如图 3-2-2 所示。

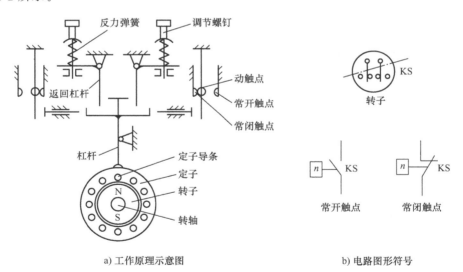

a) 工作原理示意图　　　　　　　　　b) 电路图形符号

图 3-2-2　速度继电器

速度继电器的转轴与电动机的转轴相连接，而定子空套在转子上。当电动机转动时，速度继电器的转子（永久磁铁）随之转动，在空间产生旋转磁场，切割定子绕组，而在其中感应出电流。此电流又在旋转的转子磁场作用下产生转矩，使定子随转子转动方向而旋转，和定子装在一起的摆锤推动动触点动作，使常闭触点断开，常开触点闭合。当电动机转速低于某一值时，定子产生的转矩减小，触点复位。

一般速度继电器的动作转速为 120r/min，触点的复位转速在 100r/min 以下，转速在 3000～3600r/min 能可靠工作。

为了保证制动准确，在电动机转速低于 100r/min 时，利用电动机轴所接的速度继电器常开触点断开，从而断开控制电路，接触器线圈失电释放，主触点断开，电动机及时脱离电源，准确停止，防止反向起动。

常用的速度继电器有 JY1 型和 JFZ0 型，JY1 型适用于 100～3600r/min 转速，JFZ0 型适用于 300～3600 r/min 转速，其型号及含义如下：

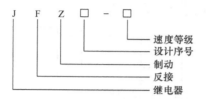

2. 能耗制动控制分析

能耗制动一般用于要求制动平稳准确、电动机容量大和起制动频繁的场合，如磨床、龙门刨床及组合机床的主轴定位等。在升降机控制系统或重型机床控制系统中，能耗制动常与电磁抱闸制动配合使用，先能耗制动，待转速降至一定值时，再使电磁抱闸动作，可有效实现准确、快速停车。

知识点学习 3：能耗制动的原理

能耗制动的具体方法是当切断电动机的三相交流电源后，立即在定子绕组中通入一个直流电源，以产生一个恒定的磁场，而因惯性旋转的转子绕组则切割磁力线产生感应电流，继而产生与惯性转动方向相反的电磁转矩，对转子起到制动作用。当电动机转速降至零时，再切除直流电源。这种方法实际上就是消耗转子的机械能，并将其转化成电能，从而产生制动力。

能耗制动应关注以下方面：

1）制动作用的强弱与直流电流的大小和电动机转速有关，在同样的转速下电流越大制动作用越强。一般取直流电流为电动机空载电流的 3～5 倍，过大会使定子过热。

2）电动机能耗制动时，制动转矩随电动机的惯性转速下降而减小，故制动平稳且能量消耗小，但是制动力较弱，特别是低速时尤为突出；另外，控制系统需附加直流电源装置。

二、带制动的升降机控制系统的主电路设计

（一）机械制动方式的升降机控制系统的主电路设计

升降机一般有上升和下降两种动作，用电动机控制可单向运行也可正反转运行，故主电路可采用接触器的主触点对电动机的运行方向进行控制，如图 3-2-3 所示，给出了双向连续运行的主电路，图中用 KM1 和 KM2 进行电动机正转和反转的控制，只需在电路中加入电磁抱闸制动装置即可。

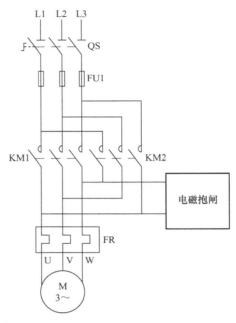

图 3-2-3　带制动的升降机控制系统主电路

（二）电气制动方式的升降机控制系统的主电路设计

1. 反接制动方式的主电路

电气制动常采用的方式有反接制动和能耗制动，反接制动方式的主电路如图 3-2-4 所示，将 KM1、KM2 的主触点两相互换，反接电阻串接到主电路中，实现反方向制动。

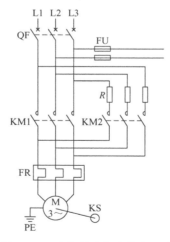

图 3-2-4　反接制动方式的主电路

2. 能耗制动方式的主电路

能耗制动就是在停止时，在电源的三相电流中通入直流电流加速停止。如图 3-2-5 所示，以升降机单向运行为例，当 KM2 主触点闭合时在主电路中采用桥式整流电路将交流电转换为直流电，同时还可串入电阻进行多余能量的消耗。

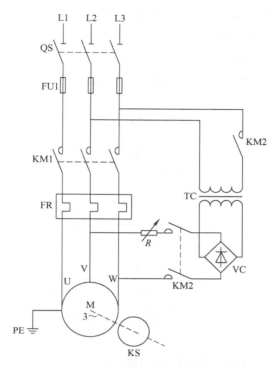

图 3-2-5　能耗制动方式的主电路

三、带制动的升降机控制系统的控制电路设计

（一）机械制动方式的升降机控制系统的控制电路设计

由前面可知，电磁抱闸制动可以分为通电电磁抱闸制动和断电电磁抱闸制动两种，请同学们在学习下面升降机单向连续运行的电磁抱闸案例后，进行升降机双向运行（升降过程）的电磁抱闸制动控制电路的设计，设计电路略。

学习案例：

1. 断电电磁抱闸制动

断电电磁抱闸制动电路，断电时制动闸处于"抱住"状态，其控制电路原理图如图 3-2-6 所示。线路工作原理为：起动时，合上电源开关 QS。按下起动按钮 SB2，接触器 KM 线圈得电吸合，电磁铁线圈接入电源，衔铁克服弹簧的拉力带动杠杆向上移动，进而带动闸瓦抬起松开，电动机可以正常转动。停止时，按下停止按钮 SB1，接触器 KM 线圈失电释放，电动机和电磁铁线圈均断电，弹簧的拉力向下，使杠杆回位，闸瓦也在弹簧作用下紧压在闸轮上，依靠摩擦力使电动机快速停车。断电电磁抱闸制动的控制线路实物安装图如图 3-2-7 所示。

由于在电路设计时是使接触器 KM 得电，使得电磁铁线圈 YA 先通电，带动其衔铁动作，待闸瓦松开后，电动机才接通电源，这就避免了电动机在起动前瞬时出现的"电动机定子绕组通电而转子被掣住不转的短路运行状态"。这种断电电磁抱闸制动的结构形式，在电磁铁线圈断电或未接通时电动机都处于制动状态，故称为断电抱闸制动方式。

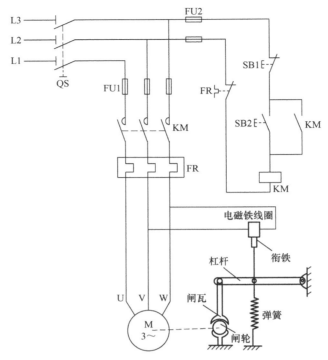

图 3-2-6　断电电磁抱闸制动的控制电路原理图

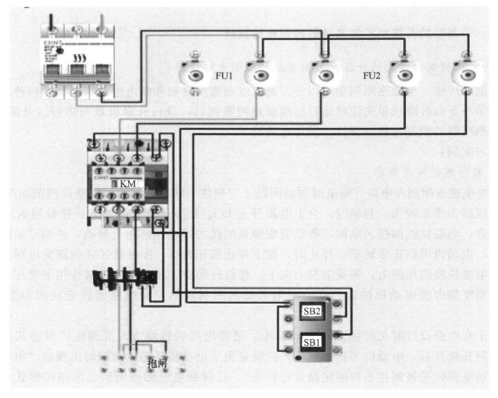

图 3-2-7　断电电磁抱闸制动的控制电路实物安装图

这种控制电路不会因网络电源中断或电气线路故障而使制动的安全性和可靠性受影响。但电动机制动时，其转轴不能转动，也不便调整；而当电动机正常运转时，KM 和电磁线圈长期通电。

2. 通电电磁抱闸制动

制动闸平时一直处于"松开"状态。通电电磁抱闸制动控制电路原理图如图 3-2-8 所示。

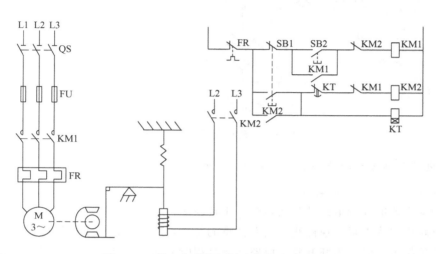

图 3-2-8　通电电磁抱闸制动控制电路原理图

线路工作原理为：

按下起动按钮 SB2，接触器 KM1 线圈得电吸合，电动机起动运行。

按下停止按钮 SB1，接触器 KM1 失电复位，电动机脱离电源，接触器 KM2 线圈得电吸合，电磁铁线圈通电，铁心向下移动，使制动闸紧紧抱住制动轮，同时时间继电器 KT 得电。当电动机惯性转速下降至零时，时间继电器 KT 的常闭触点经延时断开，使 KM2 和 KT 线圈先后失电，从而使电磁铁线圈断电，制动闸又恢复了"松开"状态。

3. 电磁离合器制动控制电路

电磁离合器制动控制电路如图 3-2-9 所示。电磁离合器 YC 的线圈接入控制电路，电磁离合器相当于刹车，当按下停止按钮 SB1 时，直流的电磁离合器线圈得电，继而抱紧电动机的轴，电动机加速停止，这也是许多机床电路常用到的制动方式。

工作原理如下：

当按下 SB2 或 SB3，电动机正向或反向起动，由于电磁离合器的线圈没有得电，电磁离合器不工作。

按下停止按钮 SB1，SB1 的常闭触点断开，将电动机定子电源切断，SB1 的常开触点闭合使电磁离合器 YC 线圈得电吸合，将摩擦片压紧，实现制动，电动机惯性转速迅速下降。松开按钮 SB1 时，电磁离合器线圈断电，结束强迫制动，电动机停转。

电磁离合器的优点是体积小，传递转矩大，操作方便，运行可靠，制动方式比较平稳且迅速，并易于安装在机床一类的机械设备内部。

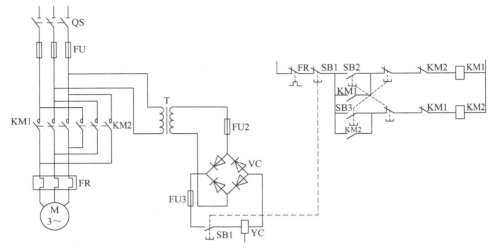

图 3-2-9 电磁离合器制动控制电路

（二）电气制动方式的升降机控制系统控制电路设计

1. 反接制动方式的控制电路

反接制动方式的控制电路就是运行时，正转线圈得电，停止时，将其反转电路接通，同时在反转电路中串入电阻加速停止。需要注意的是反转的目的是为了加快停止的速度，所以当转速下降到接近 0 时，需断开整个电路，而过程时间的控制通常采用时间继电器或速度继电器实现，请同学们在学习升降机单向连续运行的反接制动案例后进行升降机双向运行的反接制动控制电路设计。

学习案例：

（1）速度原则控制的反接制动电路

反接制动时，转子与旋转磁场的相对速度接近于 2 倍的同步转速，定子绕组中流过的反接制动电流相当于直接起动时电流的 2 倍，冲击很大。为了减少冲击电流，通常在笼型异步电动机的定子回路中串接电阻来限制反接制动电流，如图 3-2-10 所示。

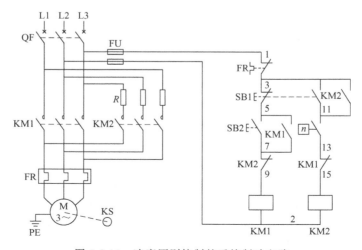

图 3-2-10 速度原则控制的反接制动电路

其工作原理是：

合上低压断路器 QF，接通三相电源。按下起动按钮 SB2，接触器 KM1 线圈通电，并通过辅助常开触点自锁，电动机起动运行。随着电动机转速升高，速度继电器 KS 的常开触点闭合，为 KM2 通电做好了准备。

按下停止按钮 SB1，接触器 KM1 断电，其触点复位，电动机脱离电源。SB1 的常开触点接通 KM2 线圈回路，并通过辅助常开触点自锁，KM2 主触点闭合并将经电阻 R 串联连接的电源（相序已经改变）接入电动机定子绕组回路，进行反接制动。

电动机转速迅速降低，当转速接近零时，速度继电器 KS 复位，常开触点打开，KM2 线圈断电，其主触点断开，切断电动机电源，反接制动结束。

速度原则控制的反接制动电路安装示意图如图 3-2-11 所示。其中电动机的过载保护由热继电器 FR 完成。互锁环节包含 KM1、KM2 辅助常闭触点，是接触器互锁；SB1 是按钮互锁。

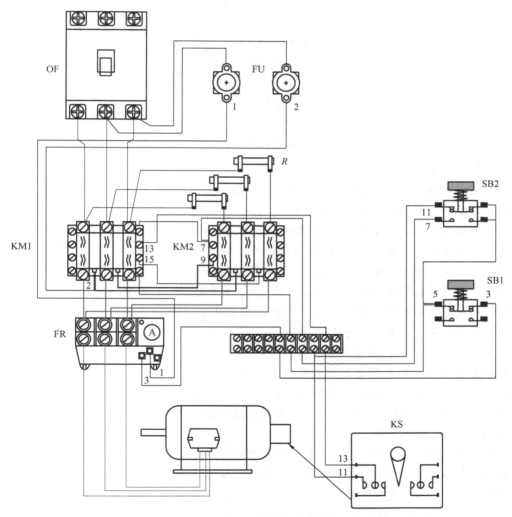

图 3-2-11 速度原则控制的反接制动电路安装示意图

电动机定子绕组正常工作时的相电压为 380V 时，若要限制反接制动电流不大于起动电流，如采用对称接法，则每相应串入的电阻值 $R = 1.5 \times 220V/I_{st}$，$I_{st}$ 为电动机直接起动的电流；如采用不对称接法，则电阻值应为对称接法电阻值的 1.5 倍。

注意：绕线转子异步电动机可在转子回路中串入反接制动电阻。

故障现象分析略，如起动后按下停止按钮，直接短路。

（2）时间原则控制的反接制动电路

如图 3-2-12 所示，仍然以升降机的单向连续运行为例，采用通电延时型时间继电器进行控制，不足的是时间的范围需经过多次测试才能完全确定。

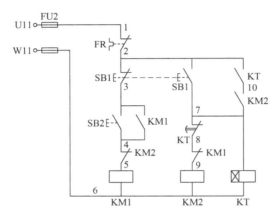

图 3-2-12　时间原则控制的反接制动控制电路

其工作原理是：

合上低压断路器 QF，接通三相电源，按下起动按钮 SB2，接触器 KM1 线圈通电，并通过辅助常开触点自锁，电动机起动运行。

按下停止按钮 SB1，接触器 KM1 断电，其触点复位，电动机脱离电源。

SB1 的常开触点接通 KM2 线圈和 KT 线圈，并通过两者的辅助常开触点自锁，KM2 主触点闭合并将经电阻 R 串联连接的电源（相序已经改变）接入电动机定子绕组回路，进行反接制动。电动机转速迅速降低，当计时时间到，KT 延时断开的常闭触点断开，使 KT 线圈断电，同时 KT 辅助常开触点断开，KM2 线圈也断电，KM2 主触点断开，切断电动机电源，反接制动结束。故障现象分析略。

2. 能耗制动方式的控制电路

升降机双向运行能耗制动控制电路也可在电动机正反转运行控制电路的基础上进行设计，如图 3-2-13 所示，只需先使 KM1 或 KM2 得电，在制动时使 KM3 线圈得电，即可实现，方法是多样的，请同学们先学习单向运行能耗制动控制电路的设计，再自行设计双向运行能耗制动控制电路。

（1）时间原则控制的双向运行能耗制动控制电路

如图 3-2-13 所示，KM1、KM2 为正、反转接触器，KM3 为能耗制动接触器。正、反转接触器 KM1、KM2 之间要有互锁，同时，能耗制动接触器 KM3 和正反转运行的接触器 KM1、KM2 之间也必须有互锁。在控制电路中，SB2 为正转起动按钮，SB3 为反转起动按钮，复合按钮 SB1 是停止按钮。

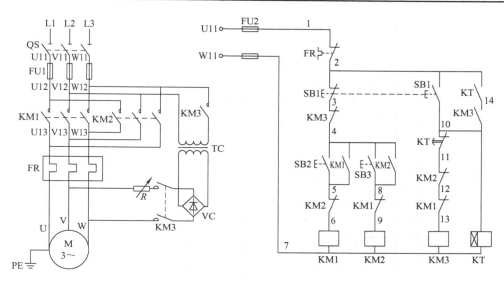

图 3-2-13　时间原则控制的双向运行能耗制动控制电路

（2）速度原则控制的双向运行能耗制动控制电路

图 3-2-14 所示为速度原则控制的双向运行能耗制动控制电路，其工作原理请同学们自行分析。

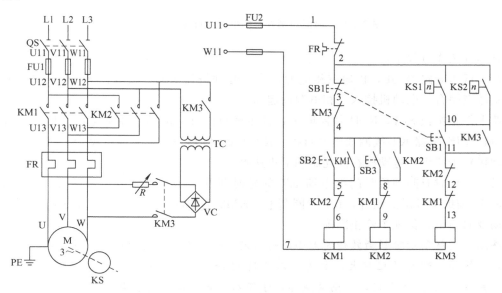

图 3-2-14　速度原则控制的双向运行能耗制动控制电路

学习案例：

（1）时间原则控制的单向运行能耗制动控制电路

如图 3-2-15 所示，KM1 为单向运行的接触器，KM2 为能耗制动的接触器，TC 为控制变压器，VC 为桥式整流电路，KT 为通电延时型时间继电器。复合按钮 SB1 为停止按钮，SB2 为起动按钮。直流电源采用二极管单相桥式整流电路，电阻 R 用来调节制动电流大小，改变制动力的大小。

133

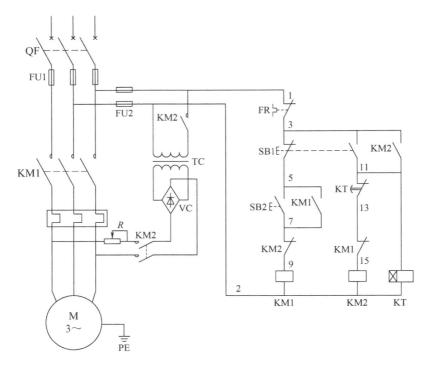

图 3-2-15　时间原则控制的单向运行能耗制动电路

具体的工作过程是：

合上低压断路器 QF，接通三相电源，按下起动按钮 SB2，接触器 KM1 线圈通电并自锁，主触点闭合，电动机接入三相电源而起动运行。

按下停止按钮 SB1，KM1 线圈断电，其主触点断开，电动机脱离电源。此时，接触器 KM2 和时间继电器 KT 线圈通电并自锁，KT 开始计时，KM2 主触点闭合，将直流电源接入电动机定子绕组，电动机在能耗制动下迅速停车。

另外，计时时间到后时间继电器 KT 的延时断开常闭触点断开，接触器 KM2 线圈断电，KM2 辅助常开触点断开，KT 线圈断电，KM2 主触点断开使电源与定子绕组断开，能耗制动及时结束，保证了停止准确。

注意： 能耗制动时制动转矩的大小与通入定子绕组直流电流的大小有关。电流大，产生的恒定磁场强，制动转矩就大，电流可以通过 R 进行调节。但通入的直流电流不能太大，一般为空载电流的 3～5 倍，否则会烧坏定子绕组。当电动机的负载转矩较稳定时，可采用时间原则控制的能耗制动，这样时间继电器的整定值比较固定。

（2）速度原则控制的单向运行能耗制动控制电路

当电动机能够通过传动系统实现速度的变换时，则可以采用速度原则控制的能耗制动，如图 3-2-16 所示。

四、带制动的升降机电气控制电路的安装

在进行电气原理图安装前，应列出相应的电器元件明细表，绘制电器元件布置图和安装

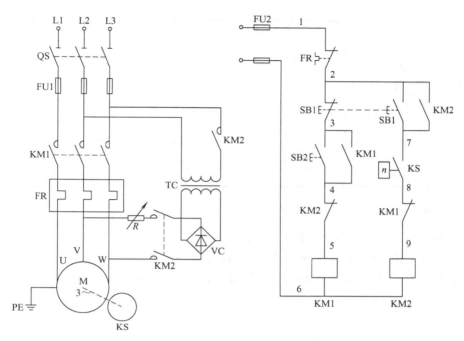

图 3-2-16 速度原则控制的单向运行能耗制动电路

接线图等，再进行电路的安装、运行和调试，下面以单向连续运行能耗制动为例进行介绍，其电气原理图如图 3-2-13 所示。

（一）电器元件明细表

电器元件明细表详见表 3-2-1。

表 3-2-1 电器元件明细表

符 号	名 称	型号及规格	数 量	用 途	备 注
M	三相交流异步电动机	Y112M－2 380V 0.75kW	1		
SB1	停止按钮	LA4－3H	1	停止电动机	
SB2	正转按钮	LA4－3H	1	正转电动机	
SB3	反转按钮	LA4－3H	1	反转电动机	
FU1	主电路熔断器	RT18－32 5A	3	主电路短路保护	
FU2	控制电路熔断器	RT18－32 2A	3	控制电路短路保护	
KM1	交流接触器	CJX1－9/22	1	控制电动机正转	
KM2	交流接触器	CJX1－9/22	1	控制电动机反转	
KM3	交流接触器	CJX1－9/22	1	控制能耗制动	
TC	变压器	380/24V	1		
VC	整流桥		1		
KT	时间继电器	ST3PA－A	1	断开 KM3	
QS	组合开关	HZ10－25/3	1	电源的引入或分断	

（续）

符　号	名　称	型号及规格	数　量	用　途	备　注
FR	热继电器	380V	1	热过载保护	
R	限流电阻		1	消耗能量	
	绝缘导线	BV1.5mm²		主电路接线	
	绝缘导线	BVR0.75mm²		控制电路接线	
	木质板	400mm×600mm		安装电路	
	木螺钉		适量	紧固作用	
XT	端子排	TB-1512	1	连接	
XT	端子排	TB-2512L	1	连接	

（二）所需工具器材

所需工具器材有各类常用电工工具（螺钉旋具、钳子、验电笔、剥线钳等）、万用表、电器安装底板、端子排、BV1.5mm² 和 BVR0.75mm² 绝缘导线、熔断器、交流接触器、电阻、热继电器、组合开关、按钮、时间继电器、整流桥、变压器、三相交流异步电动机 1 台等。

（三）元件质量检测

同上一项目。

（四）绘制电器元件布置图和安装接线图

1）绘制电器元件布置图，如图 3-2-17 所示。

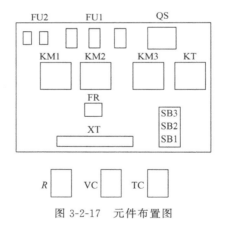

图 3-2-17　元件布置图

2）绘制安装接线图：根据电气原理图进行电器元件布置图的绘制，再根据电气原理图中编号，查找对应元件，画出安装接线图，请同学们自行绘制。

图 3-2-18 为按时间原则控制的单向运行能耗制动电路的安装接线图参考，选用实物不同，接线图也有不同。

学习案例：无变压器单管能耗制动电气原理图分析。

图 3-2-19 所示为无变压器单管能耗制动控制电路，该电路适用于 10kW 以下电动机，其中采用一只二极管半波整流器作为直流电源。

请自行分析具体工作过程。

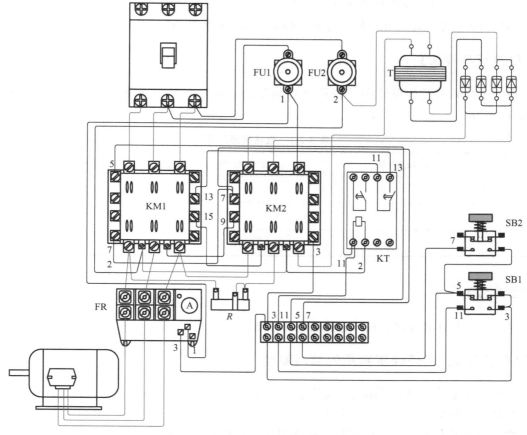

图 3-2-18　单向运行能耗制动电气安装接线图

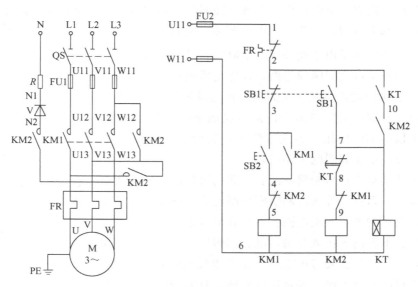

图 3-2-19　无变压器单管能耗制动控制电路

（五）带制动的升降机控制电路安装要点

本项目更注重其原理和应用的分析，详细的安装过程请自行分析。

【项目检查与评估】

请学生检查自己的设计图是否符合控制要求，并将电气原理图中可能出现的故障列在表 3-2-2 中。

表 3-2-2　电路故障分析

序号	故障现象	故障范围	排除方法
1			
2			
3			

【项目总结】

学生进行自评和互评，教师进行点评和总结。

知识点学习 4：简便经济实用的能耗制动

三相异步电动机的能耗制动，实质上是消耗转子的动能而进行的制动，由于这种制动消耗的能量小，制动平稳，所以在生产中得到广泛应用。

能耗制动的方法很多，最简便、经济的应是短接制动，如图 3-2-20 所示。当松开点动按钮 SB 后，接触器 KM 失电，其常闭触点闭合，常开触点（主触点）断开，主触点断开的一瞬间，动静触点间将有电弧产生，电弧的强弱与点动频数和负载轻重等因素有关。

在频繁点动和重负载的情况下，电弧较强，且持续时间也较长，熔断器 FU 极易熔断。通过分析知，较强的电弧由于能持续一定时间，结果会造成已经断开的主触点动静触点之间瞬间短路，这样电源电压就直接加在了 KM 已闭合的常闭触点两端，从而造成相间瞬间短路，烧断熔断器。这种短接制动在实际应用中，常出现烧断熔断器的现象，在有的场合下根本不能使用，因此这种短接制动实用价值不大。究其原因，主要是由相间瞬间短路引起。

为解决短接制动常烧熔断器的问题，我们可以在 KM 常闭触点与相线之间串一阻抗元件来限制瞬间短路电流，图 3-2-21 所示就是一种比较实用的电容制动电路。在选择电容参数时，要注意电容的耐压值、电容的容抗或容量，电容的耐压值要考虑电源电压的最大值，电容的容抗要考虑 KM 主触点电弧短路时，相间电流要小于电动机的起动电流。经过实践验证，只要选用合适参数的电容接到电路中，既可以解决常烧熔断器的问题，又可以使电

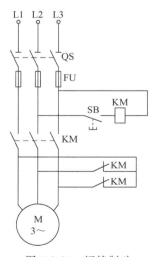

图 3-2-20　短接制动

动机得到很好的制动。不过这种电路同图 3-2-20 所示电路
相比较，电路复杂了些，并且费用有所增加，因此这种电
路并不算经济简便。

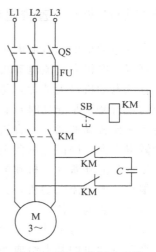

　　图 3-2-22 所示是一经过实践检验的正反转控制电路，
它的制动部分没有增加任何元件，制动时，也不会因接触
器主触点电弧短路而烧熔断器，可以说是一种简便经济实
用的能耗制动（短接制动）电路。图中，SB1、SB2 为电动
机正反转点动按钮，按下按钮电动机运行，松开按钮电动
机就会制动停下。制动过程如下：当松开正转按钮 SB1 时，
接触器 KM1 线圈失电，在电动机脱离电源的同时，其定子
U 相绕组由于 KM1 常闭触点的闭合而短接，这时电动机转
子在惯性作用下仍在旋转，由于转子剩磁的存在，形成了
转子旋转磁场，此磁场切割定子绕组，在定子绕组中产生
感应电动势，因定子绕组 U 相已被短接，所以在定子绕组

图 3-2-21　电容制动电路

U 相中有感应电流，该电流又与旋转磁场相互作用，产生制动转矩，使转子停转。松开反
转按钮 SB2，制动原理同上，这里不再重述。

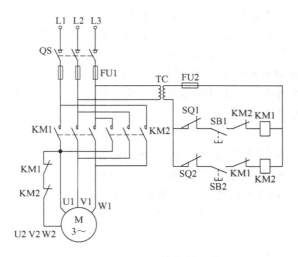

图 3-2-22　正反转控制电路

　　为防止相间短路，这里接触器 KM1 和 KM2 辅助常闭触点短接的是相线和中性线（电
动机三绕组末端的公共点）。即使接触器主触点电弧短路也不会造成相间短路，因为相与相
之间的定子绕组的阻抗作用，限制了相与相之间的瞬间电流。

　　这种制动方法由于只能短接一相定子绕组，因此制动作用受到限制，这是该电路的不足
之处。目前，这种制动方法已应用在 PJ 系列平衡起吊产品上，这些年的实际应用表明，这
种制动方法简单易行，经济实用，制动效果较好，电气故障率低。这种制动方法一般适用于
星形联结、对制动要求不太严格、功率较小的电动机制动，具有一定的推广价值。

扩展知识点学习：直流电动机

直流电动机属于直流电机的一种。直流电机是实现机械能和直流电能相互转换的设备，包括直流发电机和直流电动机，两者具有可逆性。下面具体对直流电动机进行介绍。

直流电动机最大的优点是具有良好的起动和调速性能，能在很宽的范围内平滑地调速，在低速运行特别是起动时具有较大的转矩，所以直流电动机广泛地使用在对起动性能和调速性能要求比较高的场合。直流电动机的缺点是结构复杂、生产成本较高、维护费用高，功率不能做得太大，因而应用范围受限。

尽管当前随着计算机和电力电子技术的发展，交流电动机在自动控制系统领域中的应用发展很快，但直流电动机还是因拖动性能良好、便于控制调节而在电力拖动领域中广泛应用，占有重要的地位。

1. 直流电动机的基本组成

直流电动机的基本组成如图 3-2-23 所示，主要包括定子和转子两部分。

定子主要由主磁极、换向极、电刷装置、机座和端盖等组成。

（1）主磁极

主磁极的作用是建立主磁场。绝大多数直流电动机的主磁极不是用永久磁铁而是由励磁绕组通以直流电流来建立主磁场。主磁极由主磁极铁心和套装在铁心上的励磁绕组构成。主磁极铁心靠近转子一端扩大的部分称为极靴，它的作用是使气隙磁阻减小，改善主磁极磁场分布，并使励磁绕组容易固定。为了减少转子转动时由于齿槽移动引起的铁耗，主磁极铁心采用 1～1.5mm 的低碳钢板冲压成一定形状并叠装固定而成。主磁极上装有励磁绕组，整个主磁极用螺杆固定在机座上。主磁极的个数一定是偶数，励磁绕组的连接必须使得相邻主磁极的极性按 N、S 极交替出现。

（2）换向极

换向极是安装在两相邻主磁极之间的一个小磁极，它的作用是改善直流电动机的换向情况，使电动机运行时不产生有害的火花。换向极结构和主磁极类似，是由换向极铁心和套在铁心上的换向极绕组构成，并用螺杆固定在机座上。换向极的个数一般与主磁极的极数相等，在功率很小的直流电动机中，也有不装换向极的。换向极绕组在使用中是和电枢绕组相串联的，要流过较大的电流，因此和主磁极的串励绕组一样，导线有较大的截面积。

（3）电刷装置

电刷装置是电枢电路的引出（或引入）装置，它由电刷、刷握、刷杆和连线等部分组成，电刷是石墨或金属-石墨组成的导电块，放在刷握内，用弹簧以一定的压力安放在换向器的表面，旋转时与换向器表面形成滑动接触。刷握用螺钉夹紧在刷杆上。每一刷杆上的一排电刷组成一个电刷组，同极性的各刷杆用连线连在一起，再引到出线盒。刷杆装在可移动的刷杆座上，以便调整电刷的位置。

（4）机座

机座有两个作用，一是作为主磁极的一部分，二是作为电动机的结构框架。机座中作为磁通通路的部分称为磁轭。机座一般用厚钢板弯成筒形以后焊成，或者用铸钢件（小型机座用铸铁件）制成。机座的两端装有端盖。

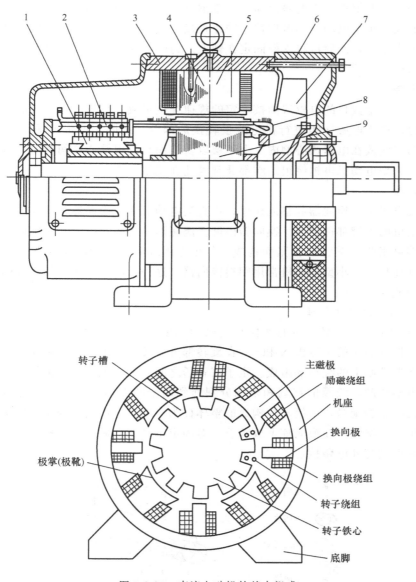

图 3-2-23　直流电动机的基本组成

1—换向器　2—电刷装置　3—机座　4—主磁极　5—换向极　6—端盖
7—风扇　8—电枢绕组　9—电枢铁心

（5）端盖

端盖装在机座两端并通过端盖中的轴承支撑转子，将定转子连为一体。同时端盖对电动机内部还起防护作用。

直流电动机的转动部分称为转子，又称电枢。转子部分包括电枢铁心、电枢绕组、换向器、转轴、轴承和风扇等。

（1）电枢铁心

电枢铁心既是主磁路的组成部分，又是电枢绕组的支撑部分。电枢绕组就嵌放在电枢铁心的槽内。为减少电枢铁心内的涡流损耗，电枢铁心一般用 0.5mm 厚且冲有齿、槽的硅钢片叠压夹紧而成。小型电动机的电枢铁心冲片直接压装在轴上，大型电动机的电枢铁心冲片先压装在转子支架上，然后再将支架固定在轴上。为改善通风，冲片可沿轴向分成几段，以构成径向通风道。

（2）电枢绕组

电枢绕组由一定数目的电枢线圈按一定的规律连接组成，是直流电动机的电路部分，也是感应电动势、产生电磁转矩进行机电能量转换的部分。线圈用圆形或矩形截面的导线绕成，分上下两层嵌放在电枢铁心槽内，上下层以及线圈与电枢铁心之间都要妥善地绝缘，并用槽楔压紧。大型电动机电枢绕组的端部通常紧扎在绕组支架上。

（3）换向器

在直流发电机中，换向器起整流作用，在直流电动机中，换向器起逆变作用，因此换向器是直流电动机的关键部件之一。换向器由许多鸽尾形的换向片排成一个圆筒，其间用云母片绝缘，两端再用两个 V 形环夹紧而构成。每个电枢线圈首端和尾端的引线，分别焊入相应换向片的升高片内。小型电动机常用塑料换向器，这种换向器用换向片排成圆筒，再用塑料通过热压制成。

2. 直流电动机的工作原理

图 3-2-24 所示为一台最简单的两极直流电动机模型，它的固定部分（定子）上，装设了一对直流励磁的静止的主磁极 N 和 S，在旋转部分（转子）上装设电枢铁心。转子由环形铁心和绕在环形铁心上的绕组等组成。定子与转子之间有一气隙。在电枢铁心上放置了两根导体连成的电枢线圈，线圈的首端和末端分别连到两个圆弧形的铜片上，此铜片称为换向片。换向片之间互相绝缘，由换向片构成的整体称为换向器。换向器固定在转轴上，换向片与转轴之间也互相绝缘。在换向片上放置着一对固定不动的电刷，当电枢旋转时，电枢线圈通过换向片和电刷与外电路接通。

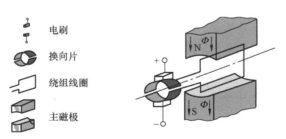

电刷

换向片

绕组线圈

主磁极

图 3-2-24　直流电动机的物理模型

在两个电刷加上直流电源，如图 3-2-25a 所示，则有直流电流从电刷 A 流入，经过线圈 abcd，从电刷 B 流出，根据电磁力定律，载流导体 ab 和 cd 收到电磁力的作用，其方向可由左手定则判定，两段导体受到的力形成了一个转矩，使得转子逆时针转动。如果转子转到图 3-2-25b 所示的位置，电刷 A 和换向片 2 接触，电刷 B 和换向片 1 接触，直流电流从电刷 A 流入，在线圈中的流动方向是 dcba，从电刷 B 流出。此时载流导体 ab 和 cd 受到电磁力的作用方向同样可由左手定则判定，它们产生的转矩仍然使得转子逆时针转动，这就是直流电动机的工作原理。外加的电源是直流的，但由于电刷和换向片的作用，在线圈中流过的电流是交流的，其产生的转矩的方向却是不变的。

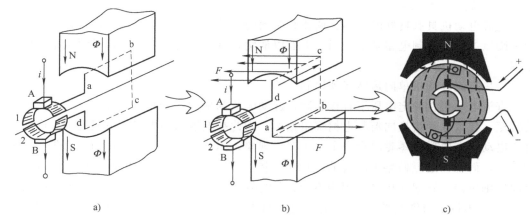

图 3-2-25　直流电动机工作原理示意图

实际使用的直流电动机转子上的绕组不是由一个线圈构成的，是由多个线圈连接而成，以减少电动机电磁转矩的波动，绕组形式同发电机。

3. 直流电动机的励磁方式

直流电动机供给励磁绕组励磁电流的方式称为励磁方式。直流电动机的励磁方式有四种，即他励、并励、串励和复励。各种励磁方式的接线图如图 3-2-26 所示。

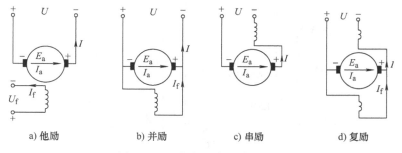

图 3-2-26　直流电动机励磁方式

（1）他励

指由其他的独立电源对励磁绕组进行供电的励磁方式，用于励磁回路单独供电的电动机、需要宽调速的系统。

（2）并励

指电动机的励磁绕组与电枢绕组相并联的励磁方式，转速基本恒定，一般用于转速变化较小的负载。

（3）串励

指电动机的励磁绕组与电枢绕组相串联的励磁方式。其起动和过载能力较好，转速随负载变化明显。空载转速过高，俗称"飞车"。

（4）复励

复励电动机有两个励磁绕组，一个与电枢绕组串联，另一个与电枢绕组并联。其中以并励为主的复励电动机具有较大转矩，转速变化不大，多用于机床等。

4. 直流电动机的电气控制

直流电动机具有良好的起动、调速和制动的性能，很容易实现各种运行状态的控制，其四种励磁方式的控制电路基本相同，下面以他励直流电动机为例，分析讲解典型的电气控制原理。

(1) 直流电动机单向运转起动控制

直流电动机在额定电压下直接起动，起动电流为额定电流的 10～20 倍，产生很大的起动转矩，导致电动机换向器和电枢绕组损坏，为此在电枢回路中串入电阻起动。同时，他励直流电动机在弱磁或零磁时会产生"飞车"现象，因此在接入电枢电压前，应先接入额定励磁电压，而且在励磁回路中应有弱磁保护。图 3-2-27 所示为直流电动机电枢回路串电阻按时间原则单向运转起动控制，图中 KM1 为电路接触器，KM2、KM3 为短接起动电阻接触器，KA1 为过电流继电器，KA2 为欠电流继电器，KT1、KT2 为时间继电器，R_3 为放电电阻。

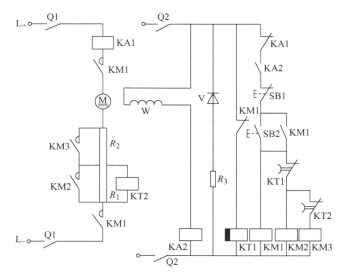

图 3-2-27　直流电动机电枢回路串电阻单向运转起动控制

工作原理分析如下：合上电枢电源开关 Q1 和励磁与控制电路电源开关 Q2，励磁回路通电，KA2 线圈通电吸合，其常开触点闭合，为起动做好准备；同时 KT1 线圈通电，其延时闭合的常闭触点断开，切断 KM2、KM3 线圈电路。保证串入 R_1、R_2 起动。按下起动按钮 SB2，KM1 线圈通电并自锁，主触点闭合，电动机电枢回路接通，电枢串入两级起动电阻起动；同时 KM1 辅助常闭触点断开，KT1 线圈断电，延时使 KM2、KM3 线圈通电，为短接 R_1、R_2 做准备。在串入 R_1、R_2 起动的同时，并接在 R_1 电阻两端的 KT2 线圈通电，其延时闭合的常闭触点断开，使 KM3 不能通电，确保 R_2 串入起动。

经过一段时间延时后，KT1 延时闭合的常闭触点闭合，KM2 线圈通电吸合，主触点短接电阻 R_1，电动机转速升高，电枢电流减小。就在 R_1 被短接的同时，KT2 线圈断电释放，再经一定时间的延时，KT2 延时闭合的常闭触点闭合，KM3 线圈通电吸合，KM3 主触点闭合短接电阻 R_2，电动机在额定电枢电压下运转，起动过程结束。停止时按下 SB1 即可。

电动机的保护环节：由过电流继电器 KA1 实现电动机过载和短路保护；欠电流继电器

KA2 实现电动机弱磁保护；电阻 R_3 与二极管 V 构成励磁绕组的放电回路，实现过电压保护。

（2）直流电动机可逆运转起动控制

改变直流电动机的转动方向有两种方法，一种是改变磁场的方向，另一种是改变电流方向（即改变电源的正负极）。应注意的是，如果电流方向和磁场方向一起改变，直流电动机的转动方向不会改变。因为磁极一般都是固定安置，常用的是改变电流的方向（即改变电源的正负极）。图 3-2-28 所示为改变直流电动机电枢电压极性实现电动机正反转控制。图中 KM1、KM2 为正、反转接触器，KM3、KM4 为短接起动电阻接触器，KT1、KT2 为时间继电器，R_1、R_2 为起动电阻，R_3 为放电电阻，SQ1 为反向转正向行程开关，SQ2 为正向正向转反向行程开关。起动后，可拖动运动部件实现自动往返运行。

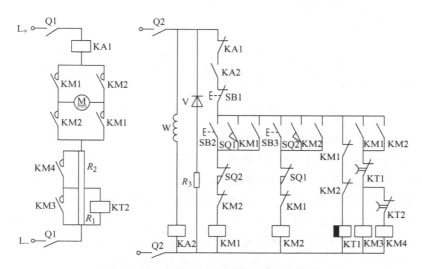

图 3-2-28　直流电动机可逆运转起动控制

（3）直流电动机单向运转能耗制动控制

直流能耗制动是在直流电动机电动状态运行时把外施电枢电压突然降为零，而在电枢回路串接一个附加电阻 R，即将电枢两端从电网断开，并迅速接到一个适当的电阻上。则电动机处于发电机运行状态，将转动部分的动能转换成电能消耗在电阻上。随着动能的消耗，转速下降，制动转矩也越来越小，因此这种制动方法在转速较高时制动作用比较大，随着转速的下降，制动作用也随着减小。

图 3-2-29 所示为直流电动机单向运转能耗制动电路。图中 KM1 为电路接触器，KM2、KM3 为短接起动电阻接触器，KM4 为制动接触器，KV 为电压继电器，KA1 为过电流继电器，KA2 为欠电流继电器，KT1、KT2 为时间继电器。工作原理上起动时与单向运转起动电路一致，停止时，按下停止按钮 SB1，KM1 线圈断电释放，其主触点断开，电动机与电枢电源脱离，电动机以惯性旋转。由于此时电动机转速较高，电枢两端仍能建立足够高的感应电动势，使并联在电枢两端的电压继电器 KV 经自锁触点仍保持通电吸合状态，KV 常开触点仍闭合，使 KM4 线圈通电吸合，其主触点将电阻 R_4 并联在电枢两端，电动机实现能耗制动，使转速迅速下降，电枢感应电动势也随之下降，当降至一定值时电压继电器 KV 释放，KM4 线圈断电，电动机能耗制动结束，电动机自然停车。

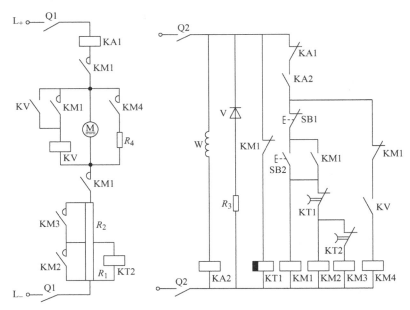

图 3-2-29　直流电动机单向运转能耗制动控制

（4）直流电动机可逆运转反接制动控制

直流电动机可逆运转反接制动控制如图 3-2-30 所示，图中 KM1、KM2 为电动机正反转接触器，KM3、KM4 为短接起动电阻接触器，KM5 为反接制动接触器，KA1 为过电流继电器，KA2 为欠电流继电器，KV1、KV2 为反接制动电压继电器，R_1、R_2 为起动电阻，R_3 为放电电阻，R_4 为反接制动电阻，KT1、KT2 为时间继电器，SQ1 为正向转反向行程开关，SQ2 为反向转正向行程开关。该电路为按时间原则控制的直流电动机两级起动，能实现正反转运行并通过 SQ1、SQ2 行程开关实现自动换向，在换向过程中能实现反接制动，以加快换向过程。

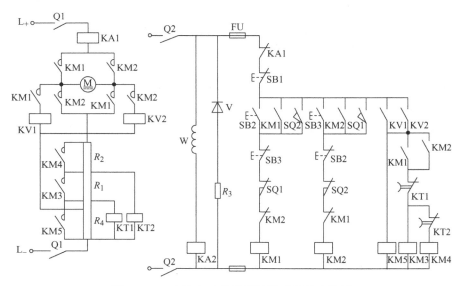

图 3-2-30　直流电动机可逆运转反接制动控制

146

下面以电动机正转运行变反转运行时的能耗制动为例来说明电路工作情况。如图 3-2-31 所示，当按下正转起动按钮后，电动机正向运转，拖动运动部件正向移动，当运动部件上的撞块压下行程开关 SQ1 时，KM1、KM3、KM4、KM5、KV1 线圈断电释放，KM2 线圈通电吸合。电动机电枢接通反向电源，同时 KV2 线圈通电吸合。由于机械惯性，电动机转速及电动势 E_M 的大小和方向来不及变化，且电动势 E_M 方向与电枢串电阻电压降 IR_X 方向相反，此时加在电压继电器 KV2 线圈上的电压很小，不足以使 KV2 吸合，KM3、KM4、KM5 线圈处于断电释放状态，电动机电枢串入全部电阻进行反接制动，电动机转速迅速下降，随着电动机转速的下降，电动机电动势 E_M 迅速减小，电压继电器 KV2 线圈上的电压逐渐增加，当 $n \approx 0$，加至 KV2 线圈上的电压加大并使其吸合动作，常开触点闭合，KM5 线圈通电吸合。KM5 主触点短接反接制动电阻 R_4，同时 KT1 线圈断电释放，电动机串入 R_1、R_2 电阻反向起动，经过一定时间 KT1 断电延时的常闭触点闭合，KM3 线圈通电，KM3 主触点短接起动电阻 R_1，同时 KT2 线圈断电释放，经过一定时间 KT2 断电延时的常闭触点闭合，KM4 线圈通电吸合，KM4 主触点短接起动电阻 R_2，进入反向正常运转，拖动运动部件反向移动。

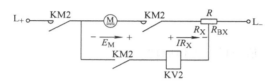

图 3-2-31　反接时的电枢电路

当运动部件反向移动撞块压下行程开关 SQ2 时，则由电压继电器 KV1 来控制电动机实现反转时的反接制动和正向起动过程，原理同上。

（5）直流电动机调速控制

直流电动机可改变电枢电压或改变励磁电流来调速，前者由晶闸管构成单相或三相全波可控整流电路，经改变其导通角来实现对电枢电压的控制；后者常改变励磁绕组中的串联电阻来实现弱磁调速。

图 3-2-32 所示为改变励磁电流的直流电动机调速电路。电动机的直流电源采用两相零式整流电路，电阻 R 兼有起动限流和制动限流的作用，电阻 R_{RF} 为调速电阻，电阻 R_2 用于吸收励磁绕组的自感电动势，起过电压保护作用。KM1 为能耗制动接触器，KM2 为运行接触器，KM3 为切除起动电阻接触器。

工作原理分析：

1）起动：按下起动按钮 SB2，KM2 和 KT 线圈同时通电并自锁，电动机 M 电枢串入电阻 R 起动。经一段时间后，KT 通电延时闭合的常开触点闭合，使 KM3 线圈通电并自锁，KM3 主触点闭合，短接起动电阻 R，电动机在全压下运行。

2）调速：在正常运行状态下，调节电阻 R_{RF}，改变电动机励磁电流大小，从而改变电动机励磁磁通，实现电动机转速的改变。

3）停车及制动：在正常运行状态下，按下停止按钮 SB1，接触器 KM2 和 KM3 线圈同时断电释放，其主触点断开，切断电动机电枢电路；同时 KM1 线圈通电吸合，其主触点闭合，通过电阻 R 接通能耗制动电路，而 KM1 另一对常开触点闭合，短接电容 C，使电源电压全部加在励磁线圈两端，实现能耗制动过程中的强励磁作用，加强制动效果。松开停止按钮 SB1，制动结束。

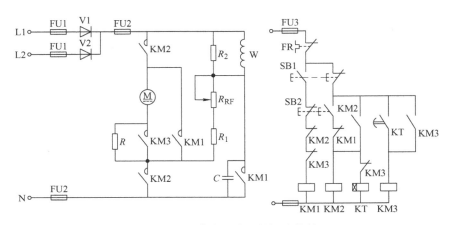

图 3-2-32　直流电动机的调速控制

【巩固与提高】

1. 如图 3-2-33 所示，请分析出工作原理。

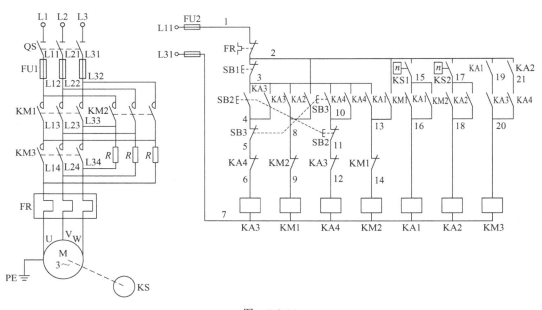

图　3-2-33

2. 尝试创新与优化现有制动电路，掌握常见问题及其解决方法。

3. 查询资料了解起重机的常用制动方式和各种制动方式的应用场合。

项目四　典型机床控制系统的检修

子项目 4-1　KH-M7130K 型平面磨床电气故障检修

【任务描述】

KH-M7130K 型平面磨床是卧轴矩形工作台式，主要由床身、工作台、电磁吸盘、砂轮箱（又称磨头）、滑座和立柱等部分组成，外形如图 4-1-1 所示。

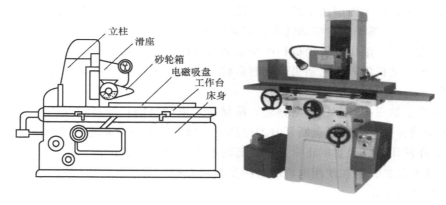

图 4-1-1　KH-M7130K 型平面磨床

平面磨床的主运动是砂轮的旋转运动。进给运动有垂直进给（滑座在立柱上的上、下运动）、横向进给（砂轮箱在滑座上的水平移动）、纵向运动（工作台沿床身的往复运动）。工作时，砂轮做旋转运动并沿其轴向做定期的横向进给运动。工件固定在工作台上，工作台做直线往返运动。矩形工作台每完成一纵向行程时，砂轮做横向进给，加工完后，滑座带着砂轮做垂直方向的进给，以此完成整个平面的加工。

磨床的砂轮主轴一般并不需要较大的调速范围，所以采用笼型异步电动机拖动。为缩小体积、简化结构、提高机床精度及减少中间传动，采用装入式异步电动机直接拖动砂轮，这样电动机的转轴就是砂轮轴。

由于平面磨床是一种精密机床，为保证加工精度，采用了液压传动。采用一台液压泵电动机，通过液压装置实现工作台的往复运动和砂轮横向的连续与断续进给。

为在磨削加工时对工件进行冷却，需采用冷却液冷却，由冷却泵电动机拖动。为提高生产率及加工精度，磨床中广泛采用多电动机拖动，使磨床有最简单的机械传动系统。本项目主要是认识其动作原理和电气原理图并进行运行中故障现象的分析和故障的排除。

【任务目标】

知识目标：

1. 了解常见的整流、稳压电路；

2. 熟悉电气原理图的分类和识读方法；

3. 了解 KH - M7130K 型平面磨床的结构和动作；

4. 理解 KH - M7130K 型平面磨床的电气控制原理，并进行相应的操作。

能力目标：

1. 学习、理解并读懂 KH - M7130K 型平面磨床的电气原理图；

2. 学习、理解并读懂 KH - M7130K 型平面磨床的电气故障图；

3. 能够运行 KH - M7130K 型平面磨床，并进行故障的排除；

4. 能与成员沟通，形成总结性的意见和建议，并反馈给团队。

【完成任务的计划决策】

KH - M7130K 型平面磨床采用三台电动机：砂轮电动机、液压泵电动机和冷却泵电动机，分别进行拖动。基于上述拖动特点，对其自动控制有如下要求：

1）砂轮电动机、液压泵电动机和冷却泵电动机都只要求单方向旋转。

2）冷却泵电动机随砂轮电动机运转而运转，但不需要冷却泵电动机时，可单独断开冷却泵电动机。

3）具有完善的保护环节：各电路的短路保护，电动机的长期过载保护，零压保护，电磁吸盘的欠电流保护，电磁吸盘断开时产生高电压而危及电路中其他电气设备的保护等。

4）保证在使用电磁吸盘的正常工作状态时和不用电磁吸盘的调整机床工作状态时，都能开动机床各电动机。但在使用电磁吸盘的工作状态时，必须保证电磁吸盘吸力足够大时，才能开动机床各电动机。

5）具有电磁吸盘吸持工件、松开工件并使工件去磁的控制环节。

6）具有必要的照明与指示信号。

本项目通过对 KH - M7130K 型平面磨床的结构和运动形式进行了解，在此基础上分析该机床三台电动机，砂轮电动机和冷却泵电动机由同一接触器控制，液压泵电动机由另一接触器控制，都是单向连续运行控制，可分析电气原理图并根据实际操作现象对故障进行分析和排除。

【实施过程】

一、KH - M7130K 型平面磨床电气控制电路分析

图 4-1-2 所示为该磨床作为模拟装置的电气原理图，图中省略了电磁吸盘线圈，用发光二极管来代替；实际磨床中欠电流继电器 KI 线圈是和电磁吸盘线圈串联的，在图中作了调整，对实际磨床电气原理的理解、操作及故障排除并无影响。

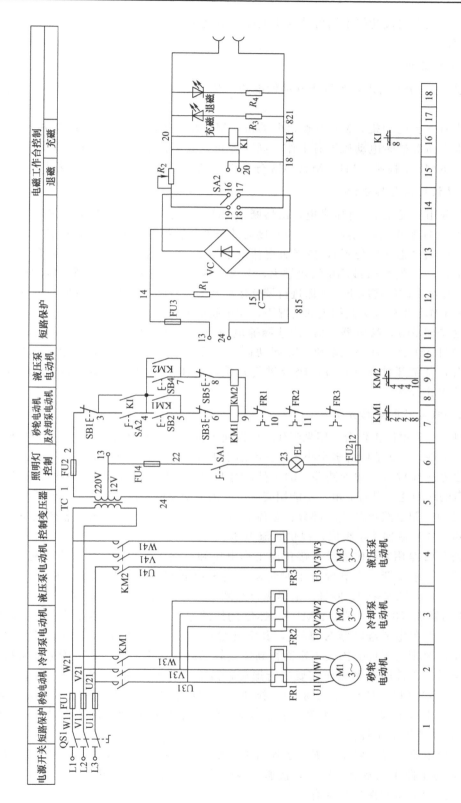

图 4-1-2　KH-M7130K型平面磨床电气控制电路

151

整个电气控制电路按功能不同可分为主电路、电动机控制电路、电磁吸盘控制电路与机床照明电路四部分。

（一）主电路分析

电源由总开关 QS1 引入，为机床开动做准备。整个电气控制电路由熔断器 FU1 进行短路保护。

主电路中有三台电动机，M1 为砂轮电动机，M2 为冷却泵电动机，M3 为液压泵电动机。冷却泵电动机和砂轮电动机同时工作，同时停止，共用接触器 KM1 来控制，液压泵电动机由接触器 KM2 来控制。M1、M2、M3 分别由 FR1、FR2、FR3 实现过载保护。

（二）电动机控制电路分析

控制电路采用交流 380V 电压供电，由熔断器 FU2 进行短路保护。控制电路只有在触点（3—4）接通时才能起作用，而触点（3—4）接通的条件是转换开关 SA2 扳到触点（3—4）接通位置（即 SA2 置"退磁"位置），或者欠电流继电器 KI 的常开触点（3—4）闭合（即 SA2 置"充磁"位置，且流过 KI 线圈电流足够大，电磁吸盘吸力足够）。言外之意，电动机控制电路只有在电磁吸盘去磁的情况下（磨床进行调整运动及不需电磁吸盘夹持工件时）或在电磁吸盘充磁后正常工作且电磁吸力足够大的情况下，才可起动电动机。

按下起动按钮 SB2，接触器 KM1 因线圈通电而吸合，其常开触点（4—5）闭合进行自锁，砂轮电动机 M1 及冷却泵电动机 M2 起动运行。按下起动按钮 SB4，接触器 KM2 因线圈通电而吸合，其常开触点（4—7）闭合进行自锁，液压泵电动机起动运转。SB3 和 SB5 分别为它们的停止按钮。

（三）电磁吸盘控制电路分析

电磁吸盘（又称电磁工作台）用来吸住工件以便进行磨削。它比机械夹紧迅速，操作快速简便，不损伤工件，一次能吸好多个小工件，磨削中工件发热可自由伸缩、不会变形。不足之处是只能吸住导磁性材料（如钢铁等）的工件，对非导磁性材料（如铝和铜）的工件没有吸力。电磁吸盘的线圈通的是直流电，不能用交流电，因为交流电会使工件振动和铁心发热。

电磁吸盘的控制电路可分成三部分：整流装置、转换开关和保护装置。整流装置由控制变压器 TC 和桥式整流器 VC 组成，提供直流电压。

转换开关 SA2 是用来给电磁吸盘接正向工作电压和反向工作电压的。它有"充磁""放松"和"退磁"三个位置。当磨削加工时转换开关 SA2 扳到"充磁"位置，SA2（16—18）、SA2（17—20）接通，SA2（3—4）断开，电磁吸盘线圈电流方向从下到上。这时，因 SA2（3—4）断开，由 KI 的触点（3—4）保持 KM1 和 KM2 的线圈通电。若电磁吸盘线圈断电或电流太小吸不住工件，则欠电流继电器 KI 释放，其常开触点（3—4）也断开，各电动机因控制电路断电而停止。否则，工件会因吸不牢而被高速旋转的砂轮碰击而飞出，可能造成事故。当工件加工完毕后，工件因有剩磁而需要进行退磁，故需再将 SA2 扳到"退磁"位置，这时 SA2（16—19）、SA2（17—18）、SA2（3—4）接通。电磁吸盘线圈通过了反方向（从上到下）的较小电流（因串入了 R_2）进行去磁。去磁结束，将 SA2 扳回到"放松"位置（SA2 所有触点均断开），就能取下工件。

如果不需要电磁吸盘，将工件夹在工作台上，则可将转换开关 SA2 扳到"退磁"位置，这时 SA2 在控制电路中的触点（3—4）接通，各电动机就可以正常起动。

电磁吸盘控制电路的保护装置有：

1）欠电流保护由 KI 实现。

2）电磁吸盘线圈的过电压保护由并联在线圈两端的放电电阻实现（图中未画上）。

3）短路保护由 FU3 实现。

4）整流装置的过电压保护，由 14—15 间的 R_1、C 实现。

（四）机床照明电路

由照明变压器 TC 减压后，经 SA1 供电给照明灯 EL，在照明变压器二次侧设有熔断器 FU4 作短路保护。

二、KH－M7130K 型平面磨床电气模拟装置的试运行操作

（一）准备工作

1）查看装置背面各电器元件上的接线是否牢固，各熔断器是否安装良好。

2）独立安装好接地线，设备下方垫好绝缘垫，将各开关置分断位。

3）插上三相电源。

（二）操作试运行

1）使装置中漏电保护开关先闭合，再合上 QS1，电源指示灯亮。

2）转动 SA1，照明灯 EL 亮；把 SA2 扳到"充磁"位置，KI 吸合，充磁指示灯亮。

3）按 SB2，砂轮电动机 M1 及冷却泵电动机 M2 转动；按 SB4，液压泵电动机 M3 转动，SB3 为 M1、M2 两台电动机的停止按钮，SB5 为 M3 的停止按钮，SB1 可同时关停 M1、M2、M3。若在 M1、M2、M3 运转过程中把 SA2 扳到中间"放松"位置，电动机即会停转。

4）把 SA2 扳到"退磁"位置，退磁指示灯亮，此时也可如 3）中所述正常起、停 M1、M2、M3。

能力提高案例：MGB1420 型磨床

1. 磨床概述

（1）磨床的结构与用途

磨床是用磨具或磨料加工工件表面的精密机床。磨床的种类很多，主要有外圆磨床、内圆磨床、平面磨床、工具磨床、刀具刃具磨床和专门化磨床等。卧式万能磨床的结构如图 4-1-3 所示，其主要由床身、工作台、砂轮箱、滑座和立柱等部分组成。

MGB1420 型磨床是高精度半自动万能磨床，主要用于工件表面的精加工，如内圆柱面、外圆柱面、圆锥面、平面、渐开线齿廓面、螺旋面及各种成形表面的磨削加工，还可以刃磨各种刀具，工艺范围十分广泛。

（2）磨床的运动及控制要求

1）主运动：主运动是砂轮的旋转运动。磨削加工一般不要求调速，因要求砂轮转速高，所以通常采用三相笼型异步电动机拖动。

2）进给运动：进给运动包括工件的旋转运动、工件的纵向运动、砂轮的横向移动和垂直移动。

① 工件的旋转运动：是内、外圆磨削时，工件相对砂轮的旋转运动，由工件电动机拖动。为满足不同加工精度对转速的要求，工件电动机一般用直流电动机，采用晶闸管直流调速系统进行无级调速。

图 4-1-3　MGB1420 型磨床实物图

　　② 工件的纵向运动：是工件相对砂轮的轴向往复运动。由于磨床的进给运动要求有较宽的调速范围，所以磨床的进给运动采用液压拖动，并通过控制环节，实现自动循环往复运动。

　　③ 砂轮的横向移动：是横向进给运动，由液压系统驱动。

　　④ 砂轮的垂直移动：是砂轮切入工件的运动，其磨削量由人工给定。

　　2．MGB1420 型磨床电气原理

　　（1）液压泵、冷却泵电动机及内、外磨砂轮电动机的控制

　　1）液压泵、冷却泵电动机（M1、M2）控制：如图 4-1-4、图 4-1-5 所示，接通电源开关 QS1，由控制变压器 TC 提供 220V 控制电源，通过开关 SA2 和接触器 KM1，实现对液压泵电动机 M1 和冷却泵电动机 M2 的控制。熔断器 FU1 作短路保护，热继电器 FR1 和 FR2 作过载保护。

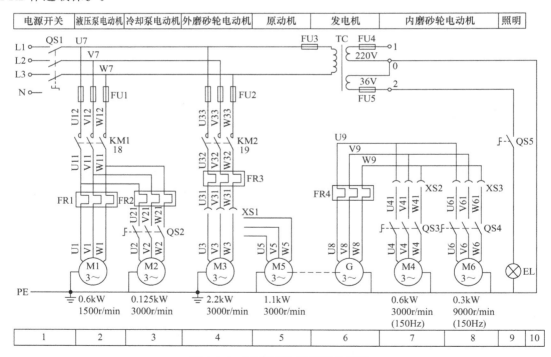

图 4-1-4　MGB1420 型磨床主电路

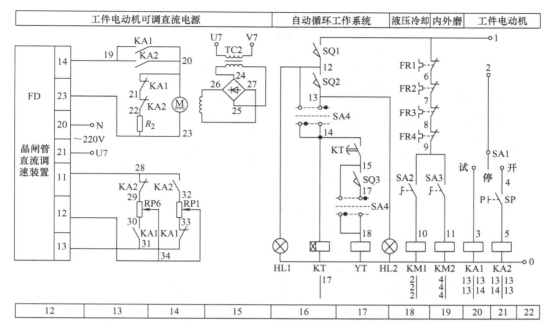

图 4-1-5　MGB1420 型磨床控制电路

2）内、外磨砂轮电动机（M3、M4、M6）控制：如图 4-1-4、图 4-1-5 所示，接通电源开关 QS1 和开关 SA3，通过接触器 KM2 和插头 XS1 对内、外磨砂轮电动机控制。熔断器 FU2 作短路保护，热继电器 FR3 作过载保护。

为了防止内、外磨砂轮电动机同时起动，采用插座互锁。为了提高内磨砂轮电动机的转速，采用变频机组供电，M5 为变频机组原动机，G 为变频发电机，它可以把 50Hz 的工频电源提高到 150Hz，供内磨砂轮电动机 M4 或 M6 使用。

（2）工件电动机（M）的控制

工件无级调速直流电动机 M 由转换开关 SA1（SA1 有试、停、开 3 档）控制，由晶闸管直流调速装置 FD 提供电动机 M 所需要的直流电源。220V 交流电源由 U7、N 两点引入，M 的起动、点动及停止由转换开关 SA1 控制中间继电器 KA1、KA2 来实现，如图 4-1-5 所示。

1）SA1 在"试"档时，KA1 线圈通电，KA1 常开触点闭合，从电位器 RP6 引出给定信号电压；同时 KA1 常闭触点断开，切断制动电路，M 处于低速点动状态。

2）SA1 在"开"档时，KA2 线圈通电，KA2 常开触点闭合，从电位器 RP1 引出给定信号电压；同时 KA2 常闭触点断开，切断制动电路，直流电动机 M 处于工作状态，可实现无级调速（SP 为油压继电器）。

3）SA1 在"停"档时，切断 KA1、KA2 线圈回路，其常闭触点闭合，能耗制动电阻 R_2 接入 M 电枢回路，M 制动停车。

（3）自动循环磨削控制

如图 4-1-5 所示，通过微动开关 SQ1 和 SQ2、行程开关 SQ3、转换开关 SA4、时间继电器 KT 和电磁阀 YT 与油路、机械方面的配合，实现磨削自动循环工作。

（4）晶闸管直流调速装置

晶闸管直流调速装置电气原理图如图 4-1-6 所示。

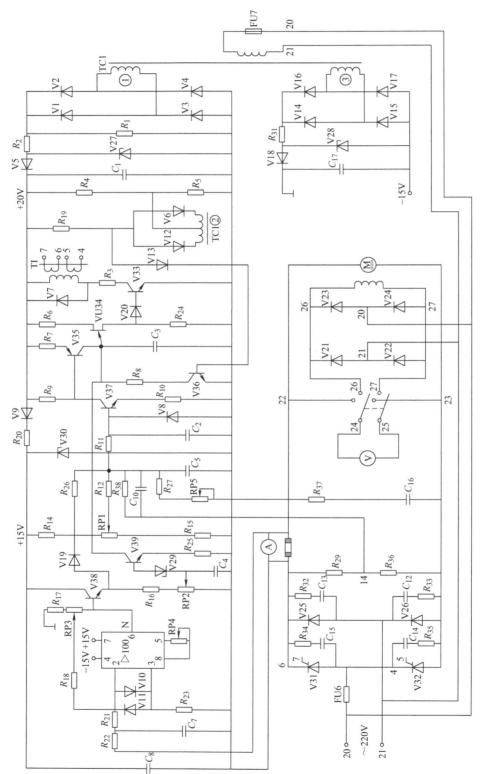

图 4-1-6　MGB1420型磨床晶闸管直流调速装置电气原理图

1）主电路采用单相桥式半控整流电路，V31、V32 和 V25、V26 采用阻容保护。V31 和 V32 由脉冲变压器 TI 输出的控制信号触发，最高输出电压为 190V 左右。直流电动机 M 的励磁，由 220V 交流电源经二极管 V21～V24 整流输出 190V 左右的直流电压实现。

2）控制回路分为三个部分。

① 基本控制环节主要是单结晶体管触发电路。单结晶体管触发电路由晶体管 V33、V35、V37，单结晶体管 V34，电容器 C_3 和脉冲变压器 TI 等组成。V37 为一级放大，V35 可视为一个可变电阻，V34 为移相触发器，V33 为功率放大器。调速给定信号由电位器 RP1 上取得，经 V37、V35 由 V34 产生触发脉冲，再经 V33 放大后由脉冲变压器 TI 输出，以触发晶闸管 V31 和 V32。

② 辅助控制环节由以下控制环节组成。

a. 电流截止负反馈环节：由运算放大器 N、V38、V39、V29 和 RP2 等组成，当负载电流大于额定电流的 1.4 倍时，V39 饱和导通，输出截止。

b. 电流正反馈环节：由 V19、R_{26} 组成。

c. 电压微分负反馈环节：由 C_{16}、R_{37}、R_{27} 和 RP5 等组成，以改善电动机运转过程的动态特性。调节 RP5 阻值大小，可以调节反馈量的大小，以稳定电动机的转速。

d. 电压负反馈环节：由 R_{29}、R_{36} 和 R_{38} 等组成。

e. 积分校正环节：由 C_2、C_5、C_{10} 和 R_{11} 等组成。

f. 同步信号输入环节：由控制变压器 TC1 的二次绕组②经整流二极管 V6、V12 和晶体管 V36 等组成。V36 的基极加有通过 R_{19}、V13 来的正向直流电压和由变压器 TC1 的二次绕组经 V6、V12 整流后的反向直流电压。当交流电源电压过零的瞬间反向电压为 0 时，V36 瞬时导通旁路电容 C_3，以消除残余脉冲电压。

③ 控制电路电源主要是运算放大器和触发电路等的工作电源。

a. 运算放大器 N 电源。由控制变压器 TC1 的二次绕组，经整流二极管 V14～V17 整流、稳压、滤波后供给－15V 电压。

b. 单结晶体管触发电路电源。由控制变压器 TC1 的二次绕组，经整流二极管 V1～V4 整流、V27 稳压，再经 V5、C_1 滤波后供给＋20V 电压。

c. 给定信号电压和电流截止负反馈等电路电源。由 V9 经 R_{20}、V30 稳压后取得＋15V 电压，以供给定信号电压和电流截止负反馈等电路使用。

3. MGB1420 型磨床的电气调试

（1）准备工作

1）检测绝缘，应检测两个主要部分。

① 检测主电路。

② 检测控制电路。

2）检测熔丝：分别针对主电路和控制电路进行检测。

检测熔断器的型号、规格是否正确，用万用表检测熔断器的熔丝是否良好。

3）检测电源：首先接通试车电源，用万用表检测三相电压是否正常。然后拔去控制电路的熔断器，接通机床电源开关，观察有无异常现象；测量控制变压器输出电压是否正常。如检测一切正常，可开始机床的电气调试。

（2）液压泵电动机控制的调试

接通试车电源，合上机床电源总开关 QS1，接通照明灯开关 QS5，照明灯 EL 点亮。

合上转换开关 SA2，接触器 KM1 线圈通电，液压泵电动机 M1 起动，驱动液压泵供出液压油，通过液压系统及自动循环工作系统拖动工作台做自动循环往返运动；接通开关 QS2，冷却泵电动机 M2 起动供出冷却液，表明液压泵电动机及工作台自动循环工作系统控制正常。否则，应分别检查电气控制电路、液压控制系统及行程开关的动作情况。

（3）外磨砂轮电动机控制的调试

将外磨砂轮电动机 M3 的插头 XS1 插上，接通转换开关 SA3，接触器 KM2 线圈通电，外磨砂轮电动机 M3 起动，拖动外磨砂轮旋转。

（4）内磨砂轮电动机控制的调试

将内磨砂轮电动机 M4 或 M6 的插头 XS2 或 XS3 插上，再将内磨砂轮原动机 M5 的插头插在 XS1 上，接通转换开关 SA3，接触器 KM2 线圈通电，内磨砂轮原动机 M5 起动并拖动变频发电机 G 运转，合上开关 QS3 或 QS4，内磨砂轮电动机 M4 或 M6 拖动内磨砂轮旋转。

4. 工件电动机无级调速的调试

（1）调试前的准备

按照图 4-1-6 所示电路，检查电路接线是否正确，电路插件插接是否牢靠，通电测量控制电路所有交、直流电源电压是否符合规定值，并熟悉主要测试元件的位置。

（2）试车调试

将转换开关 SA1 转到"试"的位置，中间继电器 KA1 接通，将电位器 RP6 接入电路，调节 RP6 使转速达到 $200\sim300r/min$，将 RP6 固定不变。

（3）电动机空载通电调试

将转换开关 SA1 转到"开"的位置，中间继电器 KA2 接通，其常闭触点断开，切断能耗制动电路；其常开触点接通电动机电枢回路，并把调速电位器 RP1 接入电路。慢慢转动 RP1 旋钮，使给定电压信号逐渐上升，电动机转速平滑上升，应无振动和噪声等异常情况。否则，反复调节 RP5（调节电压微分负反馈量的大小），直至调至最佳状态。

（4）电流截止负反馈电路的调整

工件电动机的额定功率为 0.55kW，额定电流为 3A，将截止电流调至 $3\times1.4A=4.2A$ 左右。将电动机转速调到 $700\sim800r/min$ 的范围内，加大电动机的负载，使电流值达到额定电流的 1.4 倍，调节电位器 RP2（调节电流截止负反馈量的大小）到电动机停止转动为止。

（5）电动机转速稳定的调整

由 V19、R_{26} 组成电流正反馈环节，R_{29}、R_{36} 和 R_{38} 组成电压负反馈环节。调节 RP5 可调节电压微分负反馈强度，以改善电动机运转时的动态特性；调节 RP3 可调节电压正反馈强度。以上都可以起到稳定电动机转速的作用。

（6）触发电路参数的调整

单结晶体管触发电路调试中，可能出现的问题及调整方法如下：

1）不论怎样调节输入的控制信号，电容器 C_3 上都不出现锯齿波。原因可能是将单结晶体管的 b1 极和 b2 极接反了，应检查处理。

2）当输入的控制信号增大时，C_3 上的锯齿波由逐渐增多变为突然消失，晶闸管由导通突然变为关断。原因可能是单结晶体管的质量不好或已损坏，应予以更换。

3）触发电路中电阻、电容与单结晶体管参数配合不当。若放电电阻 R_{24} 太小，使放电太快，造成触发脉冲太窄，晶闸管就不容易触发导通，但 R_{24} 太大也容易引起晶闸管误触发。充电电阻 R（由 R_7 和 V35 决定）的大小，是根据晶闸管移相范围的要求及充电电容器

C_3 的大小决定的，R 阻值太小，会使单结晶体管导通后就不再关断，使锯齿波由原来很多个突然变成一个，然后消失。电容器 C_3 的选择范围一般是 $0.1\sim1\mu F$，但对大容量晶闸管，如 50A 或 100A 晶闸管，C_3 应选 $0.47\mu F$。

【项目检查与评估】

经过电气原理图的分析和实际的操作，让学生对 KH－M7130K 型平面磨床电气控制电路进一步加深理解，下面讲解如何解决在电路运行过程中会遇到的不同问题。

KH－M7130K 型平面磨床电气控制电路教学演示、故障的排除：

图 4-1-7 列出了该模拟装置可能出现的故障，设有 K1～K24 共 24 个故障。

讲解时，教师先设置 2～3 个故障分析其故障现象，并用万用表或电笔进行故障点的检测，再让学生进行故障的分析和检测练习，具体过程中进行指导。

表 4-1-1 中列出了部分故障现象的分析，请同学们分析并完善。

表 4-1-1　KH－M7130K 型平面磨床电气控制电路的常见故障

序　号	故　障　现　象	故　障　原　因	故　障　检　修
1	电源正常，但所有电动机都不能起动	（1）电动机过载 （2）欠电流继电器 KI 触点（3—4）接触不良 （3）SB1 损坏而不通 （4）2、3、9、10、11 号导线有脱落或断开的	（1）检查 FU1、FU2、FU3 是否熔断；TC 是否正常；桥式整流是否正常；SA2 是否损坏；KI 线圈是否烧断；电磁吸盘线圈是否开路 （2）检查 FR1、FR2、FR3 常闭触点是否因电动机过载而断开 （3）修复 KI 或更换 （4）检查或更换 SB1 （5）检查有关导线
2	SA2 置退磁位置时，所有电动机都不能起动，其余正常	（1）SA2（3—4）损坏 （2）3、4 号线有脱落或有断线	（1）检查 SA2（3—4），修复或更换 （2）检查 3、4 号线
3	液压泵电动机不能起动	（1）SB4、SB5 中有触点接触不良 （2）KM2 线圈烧坏 （3）液压泵电动机已损坏	（1）检查 SB4、SB5 （2）检查或更换 KM2 线圈 （3）更换 M3
4	电磁吸盘无吸力	（1）FU1、FU2、FU3 中有熔断 （2）变压器 TC 损坏 （3）桥式整流相邻两二极管都烧成断路 （4）转换开关 SA2 接触不良 （5）欠电流继电器 KI 线圈断开 （6）电磁吸盘线圈开路 （7）13、14、15、16、17、18 号线中有开路或脱落	（1）检查 FU1～FU3 （2）检查 TC，修复或更换 （3）检查并更换二极管 （4）检查并更换 SA2 （5）修理或更换 KI （6）修理或更换电磁吸盘线圈 （7）检查相关导线
5	电磁吸盘吸力不足	（1）电源电压过低 （2）桥式整流中有一个二极管或一对桥臂上两个二极管开路 （3）电磁吸盘线圈局部短路	（1）检查电源电压 （2）检查并更换二极管 （3）检查并更换电磁吸盘线圈
6	烧 FU3	（1）桥式整流中一个二极管烧成短路或相邻两个二极管烧成短路 （2）电磁吸盘线圈短路	（1）检查并更换二极管 （2）检查并修复或更换电磁吸盘线圈
7	充磁正常但不能退磁	（1）SA2 接触不良 （2）R_2 开路	（1）检查并更换 SA2 （2）更换 R_2

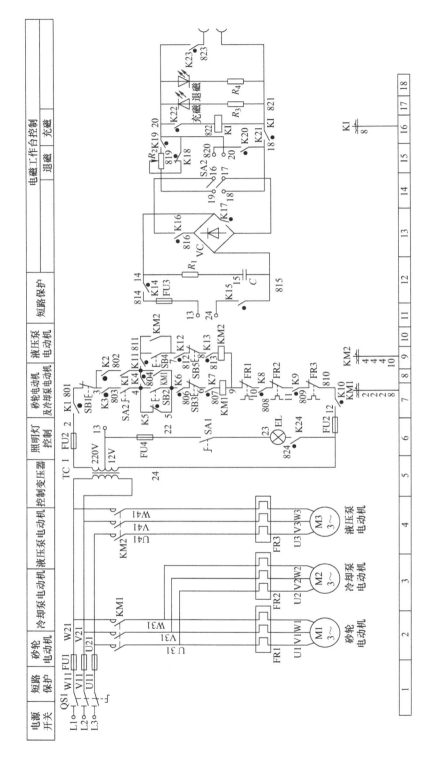

图 4-1-7　KH-M7130K型平面磨床电气控制电路故障图

【项目总结】

学生根据在实际操作中的识图情况和故障的排除、检测、练习情况进行自评、互评，教师进行点评和总结。

【巩固与提高】

1. 查找资料补充时间继电器、桥式整流、滤波等相关知识。
2. 针对 MGB1420 型磨床电气控制电路中出现的故障现象及其原因进行总结。

子项目 4 - 2　KH - Z3040B 型摇臂钻床电气故障检修

【任务描述】

KH - Z3040B 型摇臂钻床是钻床的一种。它主要由底座、内立柱、外立柱、摇臂、主轴箱及工作台等组成。内立柱固定在底座上，在它外面套着空心的外立柱，外立柱可绕着内立柱回转一周，摇臂一端的套筒部分与外立柱滑动配合，借助于丝杠，摇臂可沿着外立柱上下移动，但两者不能做相对移动，所以摇臂将与外立柱一起相对内立柱回转。主轴箱是一个复合的部件，它具有主轴、主轴旋转部件及主轴进给的全部变速和操纵机构。主轴箱可沿着摇臂上的水平导轨做径向移动。当进行加工时，可利用特殊的夹紧机构将外立柱紧固在内立柱上，摇臂紧固在外立柱上，主轴箱紧固在摇臂导轨上，然后进行钻削加工，如图 4-2-1 所示。

摇臂钻床有主运动和进给运动。主运动就是主轴的旋转，进给运动就是主轴的轴向进给。摇臂钻床除主运动与进给运动外，还有外立柱、摇臂和主轴箱的辅助运动，它们都有夹紧装置和固定位置。摇臂的升降及夹紧松开由一台异步电动机拖动，摇臂的回转和主轴箱的径向移动采用手动，立柱的夹紧松开由一台电动机拖动齿轮泵供给液压油实现，同时通过电气联锁来实现主轴箱的夹紧与放松。需注意摇臂钻床的主轴旋转和摇臂升降不允许同时进行，以保证安全生产。本次的任务是根据钻床的动作进行其电气原理图的识读和故障的排除。

a)

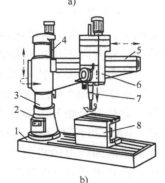

b)

图 4-2-1　KH - Z3040B 型摇臂钻床
1—底座　2—内立柱　3—外立柱
4—丝杠　5—摇臂　6—主轴箱
7—主轴　8—工作台

【任务目标】

知识目标：

1. 了解十字开关的用法；

2. 理解摇臂钻床的结构和工作原理；

3．进一步熟悉识读和绘制简单电气原理图的方法；

4．进一步熟悉机床的调试和故障排除的方法。

能力目标：

1．能正确识读 KH－Z3040B 型摇臂钻床的电气原理图；

2．学会根据钻床运行调试的现象，进行故障的排除；

3．熟练应用和掌握机床故障检修与排除的方法；

4．能顺利与相关人员进行沟通、交流，总结故障现象，并将意见反映给团队，并能自我学习和提高。

【完成任务的计划决策】

下面结合机械结构具体地分析 KH－Z3040B 型摇臂钻床的电气拖动部分：

1）由于摇臂钻床的运动部件较多，为简化传动装置，使用多电动机拖动，主轴电动机承担主钻削及进给任务，摇臂升降及其夹紧松开、立柱夹紧松开和冷却泵各用一台电动机拖动。

2）为了适应多种加工方式的要求，主轴及进给应在较大范围内调速。但这些调速都是机械调速，用手柄操作变速箱调速，对电动机无任何调速要求。从结构上看，主轴变速机构与进给变速机构应该放在一个变速箱内，而且两种运动由一台电动机拖动是合理的。

3）加工螺纹时要求主轴能正反转。摇臂钻床的正反转一般用机械方法实现，电动机只需单方向旋转。

本项目通过对 KH－Z3040B 型摇臂钻床的结构和运动形式进行了解，在此基础上分析其电气原理图，共有四台电动机，冷却泵电动机和主轴电动机都是单向连续运行，分别由 KM1 和 KM2 控制。立柱的夹紧松开及摇臂的升降用正反转电路实现，本项目的目的是分析电气原理图并根据实际操作现象对故障进行分析和排除。

【实施过程】

一、KH－Z3040B 型摇臂钻床电气控制电路分析

如图 4-2-2 所示，整个电气控制电路按功能不同可分为电动机控制电路和机床照明电路两部分。

（一）主电路分析

如图 4-2-2 所示，本机床的电源开关采用 QS 和接触器 KM 实现。这是由于本机床的主轴旋转和摇臂升降不用按钮操作，而采用了不自动复位的十字开关操作。用按钮和接触器来代替一般的电源开关，就可以具有零压保护和一定的欠电压保护作用。

主轴电动机 M2 和冷却泵电动机 M1 都只需单方向旋转，所以用接触器 KM1 和 KM6 分别控制。立柱夹紧松开电动机 M3 和摇臂升降电动机 M4 都需要正反转，所以各用两只接触器控制。KM2 和 KM3 控制立柱的夹紧和松开；KM4 和 KM5 控制摇臂的升降。KH－Z3040B 型摇臂钻床的四台电动机只用了两套熔断器作短路保护。只有主轴电动机具有过载保护，因立柱夹紧松开电动机 M3 和摇臂升降电动机 M4 都是短时工作，故不需要用热继电器来进行过载保护。冷却泵电动机 M1 因容量很小，也没有应用保护器件。

在安装实际的机床电气设备时，应当注意三相交流电源的相序。如果三相电源的相序接错了，电动机的旋转方向就要与规定的方向不符，在开动机床时容易发生事故。KH－Z3040B

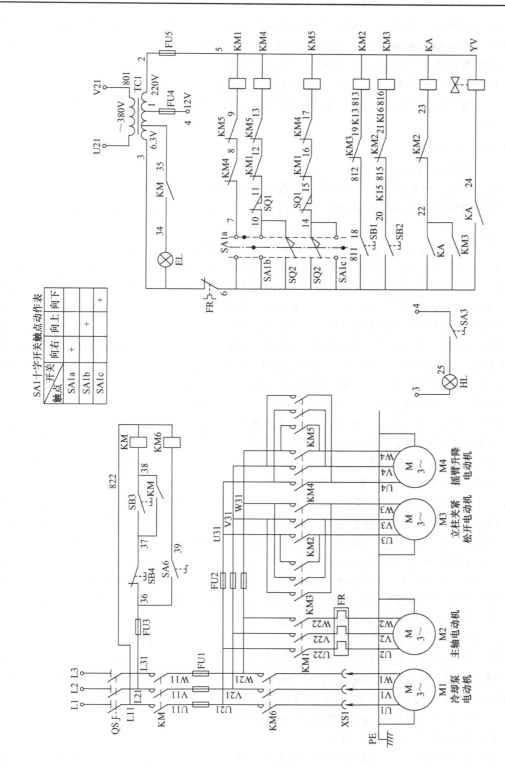

图 4-2-2　KH-Z3040B型摇臂钻床电气原理图

型摇臂钻床三相电源的相序可以用立柱的夹紧机构来检查。KH－Z3040B 型摇臂钻床立柱的夹紧和松开动作有指示标牌指示。接通机床电源，使接触器 KM 动作，将电源引入机床。然后按压立柱夹紧或松开按钮 SB1 或 SB2。如果夹紧和松开动作与标牌的指示相符合，就表示三相电源的相序是正确的。如果夹紧与松开动作与标牌的指示相反，三相电源的相序一定是接错了。这时就应当关断总电源，把三相电源线中的任意两根电线对调位置接好，就可以保证相序正确。

（二）控制电路分析

1. 电源接触器和冷却泵的控制

按下按钮 SB3，电源接触器 KM 吸合并自锁，把机床的三相电源接通。按 SB4，KM 断电释放，机床电源即被断开。KM 吸合后，转动 SA6，使其接通，KM6 通电吸合，冷却泵电动机即旋转。

采用十字开关操作，控制电路中的 SA1a、SA1b 和 SA1c 是十字开关的三个触点。十字开关的手柄共有五个位置。当手柄处在中间位置，所有的触点都不通，手柄向右，触点 SA1a 闭合，接通主轴电动机接触器 KM1；手柄向上，触点 SA1b 闭合，接通摇臂上升接触器 KM4；手柄向下，触点 SA1c 闭合，接通摇臂下降接触器 KM5；手柄向左的位置，未加利用。十字开关的使用使操作形象化，不容易误操作。十字开关操作时，一次只能占有一个位置，KM1、KM4、KM5 三个接触器就不会同时通电，这就有利于防止主轴电动机和摇臂升降电动机同时起动运行，也减少了接触器 KM4 与 KM5 的主触点同时闭合而造成短路事故的机会。但是单靠十字开关还不能完全防止 KM1、KM4 和 KM5 三个接触器的主触点同时闭合的事故。因为接触器的主触点由于通电发热和火花的影响，有时会焊住而不能释放。特别是在动作很频繁的情况下，更容易发生这种事故。这样，就可能在开关手柄改变位置的时候，一个接触器未释放，而另一个接触器又吸合，从而发生事故。所以，在控制电路上，KM1、KM4、KM5 三个接触器之间都有常闭触点进行联锁，使电路的动作更为安全可靠。

2. 摇臂升降和夹紧工作的自动循环

摇臂钻床正常工作时，摇臂应夹紧在立柱上。因此，在摇臂上升或下降之间，必须先松开夹紧装置。当摇臂上升或下降到指定位置时，夹紧装置又须将摇臂夹紧。本机床摇臂的松开、升（或降）、夹紧这个过程能够自动完成。将十字开关扳到上升位置（即向上），触点 SA1b 闭合，接触器 KM4 吸合，摇臂升降电动机起动正转。这时候，摇臂还不会移动，电动机通过传动机构，先使一个辅助螺母在丝杆上旋转上升，辅助螺母带动夹紧装置使之松开。当夹紧装置松开的时候，带动行程开关 SQ2，其触点 SQ2(6—14) 闭合，为接通接触器 KM5 做好准备。摇臂松开后，辅助螺母继续上升，带动一个主螺母沿着丝杆上升，主螺母则推动摇臂上升。摇臂升到预定高度，将十字开关扳到中间位置，触点 SA1b 断开，接触器 KM4 断电释放。电动机停转，摇臂停止上升。由于行程开关 SQ2(6—14) 仍旧闭合着，所以在 KM4 释放后，接触器 KM5 即通电吸合，摇臂升降电动机即反转，这时电动机只是通过辅助螺母使夹紧装置将摇臂夹紧，摇臂并不下降。当摇臂完全夹紧时，行程开关 SQ2(6—14) 即断开，接触器 KM5 就断电释放，电动机 M4 停转。

摇臂下降的过程与上述情况相同。

SQ1 是组合行程开关，它的两对常闭触点分别作为摇臂升降的极限位置控制，起终端保护作用。当摇臂上升或下降到极限位置时，由撞块使 SQ1(10—11) 或 （14—15）断开，切断接触器 KM4 和 KM5 的通路，使电动机停转，从而起到了保护作用。

SQ1 为自动复位的组合行程开关，SQ2 为不能自动复位的组合行程开关。

摇臂升降机构除了电气限位保护以外，还有机械极限保护装置，在电气保护装置失灵时，机械极限保护装置可以起保护作用。

3. 立柱和主轴箱的夹紧控制

本机床的立柱分内外两层，外立柱可以围绕内立柱做 360° 的旋转。内外立柱之间有夹紧装置。立柱的夹紧和松开由液压装置进行，电动机拖动一台齿轮泵。电动机正转时，齿轮泵送出液压油使立柱夹紧；电动机反转时，齿轮泵送出液压油使立柱松开。

立柱夹紧松开电动机用按钮 SB1 和 SB2 及接触器 KM2 和 KM3 控制，其控制为点动控制。按下按钮 SB1 或 SB2，KM2 或 KM3 就通电吸合，使电动机正转或反转，将立柱夹紧或松开。松开按钮，KM2 或 KM3 就断电释放，电动机即停止。

立柱的夹紧松开与主轴箱的夹紧松开有电气上的联锁。立柱松开，主轴箱也松开，立柱夹紧，主轴箱也夹紧，按下 SB2，接触器 KM3 吸合，立柱松开，KM3（6—22）闭合，中间继电器 KA 通电吸合并自保。KA 的一个常开触点接通电磁阀 YV，使液压装置将主轴箱松开。在立柱松开的整个时期内，中间继电器 KA 和电磁阀 YV 始终保持工作状态。按下按钮 SB1，接触器 KM2 通电吸合，立柱被夹紧。KM2 的辅助常闭触点（22—23）断开，KA 断电释放，电磁阀 YV 断电，液压装置将主轴箱夹紧。

在该控制电路里，我们不能用接触器 KM2 和 KM3 来直接控制电磁阀 YV。因为电磁阀必须保持通电状态，主轴箱才能松开。一旦 YV 断电，液压装置立即将主轴箱夹紧。KM2 和 KM3 均是点动工作方式，当按下 SB2 使立柱松开后放开按钮，KM3 就会断电释放，立柱不会再夹紧，为了使放开 SB2 后，YV 仍能始终通电就不能用 KM3 来直接控制 YV，而必须用一只中间继电器 KA，在 KM3 断电释放后，KA 仍能保持吸合，使电磁阀 YV 始终通电，从而使主轴箱始终松开。只有按下 SB1，使 KM2 吸合，立柱夹紧，KA 才会释放，YV 才断电，主轴箱也被夹紧。

二、KH－Z3040B 型摇臂钻床电气模拟装置的试运行操作

（一）准备工作

1）查看装置背面各电器元件上的接线是否紧固，各熔断器是否安装良好。

2）独立安装好接地线，设备下方垫好绝缘垫，将各开关置分断位。

3）插上三相电源。

（二）操作试运行

1）使装置中漏电保护部分接触器先吸合，再合上 QS。

2）按下 SB3，KM 吸合，电源指示灯亮，说明机床电源已接通，同时主轴箱夹紧指示灯亮，说明 YV 没有通电。

3）转动 SA6，冷动泵电动机工作，相应指示灯亮；转动 SA3，照明灯亮。

4）十字开关手柄向右，主轴电动机 M2 旋转，手柄回到中间，M2 立即停转。

5）十字开关手柄向上，摇臂升降电动机 M4 正转，相应指示灯亮，再把 SQ2 置于"上夹"位置，这是模拟实际中摇臂松开操作，然后再把十字开关手柄扳回中间，M4 应立即反转，对应指示灯亮，最后把 SQ2 置中间位置，M4 停转，这是模拟摇臂上升到指定高度后夹紧操作。以上即为摇臂上升和夹紧工作的自动循环。实际机床中，SQ2 能自行动作，模拟装置中靠手动模拟。摇臂下降与夹紧的自动循环与前面过程相类似（十字开关向下，SQ2

置"下夹")。SQ1 起摇臂升降的终端保护作用。

6）按下 SB1，立柱夹紧松开电动机 M3 正转，立柱夹紧，对应指示灯亮；放开按钮 SB1，M3 立即停转。

7）按下 SB2，M3 反转，立柱松开，相应指示灯亮，同时 KA 吸合并自锁，主轴箱松开，相应指示灯亮，松开按钮，M3 立即停转，但 KA 仍吸合，主轴箱松开指示灯始终亮，要使主轴箱夹紧，可再按一下 SB1，回到立柱夹紧动作。立柱和主轴箱的夹紧、松开控制之间有电气上的联锁。

8）按下 SB4，机床电源即被切断。

学习案例：CA6140 型车床。

1. 车床概述

（1）车床的结构与用途

普通卧式车床的结构如图 4-2-3 所示，其主要由床身、主轴变速箱、进给箱、挂轮箱、溜板箱、溜板与刀架、尾架、丝杠和光杠等部件组成。

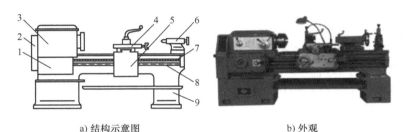

a) 结构示意图　　　　　　　　　　　b) 外观

图 4-2-3　卧式车床

1—进给箱　2—挂轮箱　3—主轴变速箱　4—溜板与刀架　5—溜板箱

6—尾架　7—丝杠　8—光杠　9—床身

（2）车床的运动及控制要求

1）主运动：主轴通过卡盘带动工件旋转。

2）进给运动：溜板带动刀架的纵向或横向直线运动。

3）辅助运动：刀架的快速移动和尾架的移动等。

车削加工时，刀具和工件需要切削液进行冷却。冷却泵电动机要求在主轴电动机起动之后方可起动，当主轴电动机停止时，冷却泵电动机也停止工作。

车床控制电路应有必要的保护环节、安全可靠的照明和信号指示。

2. CA6140 型车床电气控制电路

（1）主电路

主电路中有三台电动机：M1 为主轴电动机，带动主轴旋转和刀架做进给运动，M2 为冷却泵电动机，M3 为刀架快速移动电动机。

三相电源通过低压断路器 QF 引入，M1 的短路保护由 QF 的过电流脱扣器来实现，熔断器 FU1 作为 M2 和 M3 的短路保护。M1 由接触器 KM1 控制，热继电器 FR1 作为过载保护；M2 由接触器 KM2 控制，热继电器 FR2 作为过载保护；M3 由接触器 KM3 控制。

（2）控制电路

控制电路由控制变压器 TC 供电（110V），采用熔断器 FU2 作为短路保护，如图 4-2-4 所示。

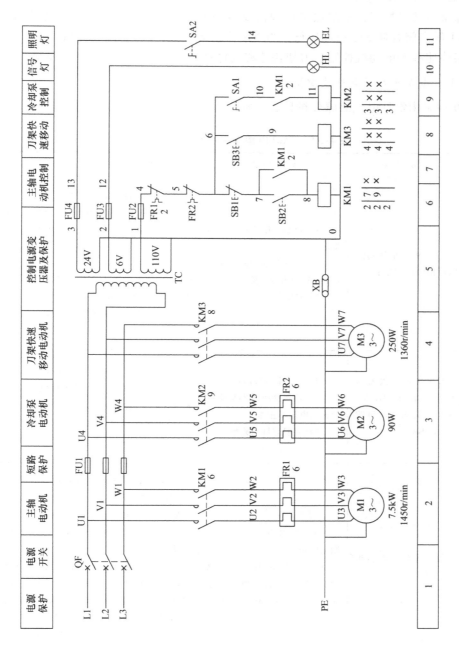

图 4-2-4　CA6140型车床电气原理图

1）主轴电动机控制：按下起动按钮 SB2，接触器 KM1 线圈得电并自锁，其主触点闭合使 M1 起动运行，同时 KM1 的常开触点闭合，为冷却泵电动机起动做好准备。按下停止按钮 SB1，主轴电动机 M1 停车。

2）冷却泵电动机控制：车削加工过程需要冷却液时，合上开关 SA1，接触器 KM2 线圈得电，其主触点闭合使 M2 通电运行；当 M1 停止运行时，M2 也随之停机。

3）刀架快速移动电动机控制：刀架快速移动电动机 M3 由按钮 SB3 点动控制。

3．CA6140 型车床常见电气故障检修

CA6140 型车床常见电气故障分析见表 4-2-1。

表 4-2-1　CA6140 型车床常见电气故障

序　号	故障现象	故障原因	故障检修
1	合上电源开关 QF，电源指示灯 HL 不亮	（1）控制变压器一次侧不得电 （2）FU3 熔断器故障或变压器 6V 输出端故障 （3）HL 故障	（1）检查熔断器 FU1 是否熔断，如果没有问题，可用万用表交流 500V 档测量电源开关 QF 前后的电压是否正常，以确定故障是电源无电压，还是开关接触不良或损坏，还是变压器故障 （2）检查熔断器 FU3 是否熔断；控制变压器 6V 绕组及输出电压是否正常 （3）检查指示灯灯泡是否烧坏；灯泡与灯座之间接触是否良好
2	合上电源开关 QF，电源指示灯 HL 亮，合上开关 SA2，照明灯 EL 不亮	（1）熔断器 FU4 故障 （2）控制变压器 24V 绕组及输出电压不正常 （3）照明灯灯泡故障	（1）检查熔断器 FU4 是否熔断 （2）检查 SA2 开关是否接触不良或损坏；检查控制变压器 24V 绕组及输出电压是否正常 （3）检查 EL 灯泡是否烧坏；灯泡与灯座之间接触是否良好
3	起动主轴，电动机 M1 不转	（1）如果 KM1 不吸合，则主电路存在故障 （2）如果 KM1 吸合，电动机 M1 还不转，则控制电路 1—4—5—7—8—0 故障	（1）检查 KM1 的主触点接触是否良好；检查 M1 主电路的接线及 M1 进线电压是否正常，如果 M1 进线电压正常，则是电动机本身的问题，如电动机 M1 断相，或因为负载过重引起电动机不转 （2）检查热继电器 FR1、FR2 触点是否复位，熔断器 FU2 是否熔断；可用万用表交流 250V 档顺次检查接触器 KM1 线圈回路的 110V 电压是否正常，从而确定是 TC 绕组问题，还是 KM1 线圈烧坏，按钮 SB1、SB2 故障或接线有问题
4	主轴电动机起动，但不能自锁，或工作中突然停转	KM1 自锁触点和自锁回路故障	检查接触器 KM1 的自锁触点接触是否良好，如果没有问题，再检查自锁回路及 KM1 线圈回路接线是否有接触不良的问题

（续）

序　号	故 障 现 象	故 障 原 因	故 障 检 修
5	按停止按钮 SB1，主轴电动机不停	KM1 控制回路有短路或接触器主触点故障	断开电源开关 QF，看接触器 KM1 是否释放。如果 KM1 释放，说明 KM1 控制回路有短路现象，应进一步排查；如果 KM1 不释放，表明接触器内部有机械卡死现象，或其主触点因"熔焊"而粘死，需拆开修理
6	合上冷却泵开关 SA1，冷却泵电动机 M2 不转	（1）KM2 线圈或触点有问题 （2）电动机 M2 出现断相	首先起动主轴电动机，在主轴正常运转的情况下，合上 SA1，检查接触器 KM2 是否吸合： （1）如果 KM2 不吸合，应检查 KM2 线圈两端有无电压。如果有电压，说明 KM2 线圈损坏；如果无电压，应检查 KM1 辅助常开触点、开关 SA1 接触是否良好 （2）如果 KM2 吸合，应检查 M2 进线电压有无断相，电压是否正常。如果电压正常，说明冷却泵电动机或冷却泵有问题。如果电压不正常，可能是热继电器 FR2 烧坏、KM2 主触点接触不良，也可能是接线问题
7	按下刀架快速移动按钮 SB3，刀架不移动	（1）KM3 线圈回路或主触点问题 （2）机械部分接触不良	起动主轴和冷却泵电动机，在其运转正常的情况下，按下 SB3，检查接触器 KM3 是否吸合： （1）如果 KM3 吸合，应进一步检查 KM3 的主触点是否接触不良、刀架快速移动电动机 M3 是否有问题、机械负载是否有卡死现象 （2）如果 KM3 不吸合，则应检查 KM3 的线圈、刀架快移按钮 SB3 及相关接线

【项目检查与评估】

经过电气原理图的分析和实际的操作，学生对 KH－Z3040B 型摇臂钻床电气控制电路进一步加深理解，下面讲解如何解决在电路运行过程中会遇到的不同问题。

KH－Z3040B 型摇臂钻床电气控制电路教学演示、故障的排除：

图 4-2-5 列出了该模拟装置可能出现的故障，设有 K1～K25，共 25 个故障。

讲解时，教师先设置 2～3 个故障分析其故障现象，并用万用表或电笔进行故障点的检测，再让学生进行故障的分析和检测练习，具体过程中进行指导。

表 4-2-2 中列出了部分故障现象的分析，请同学们分析并完善。

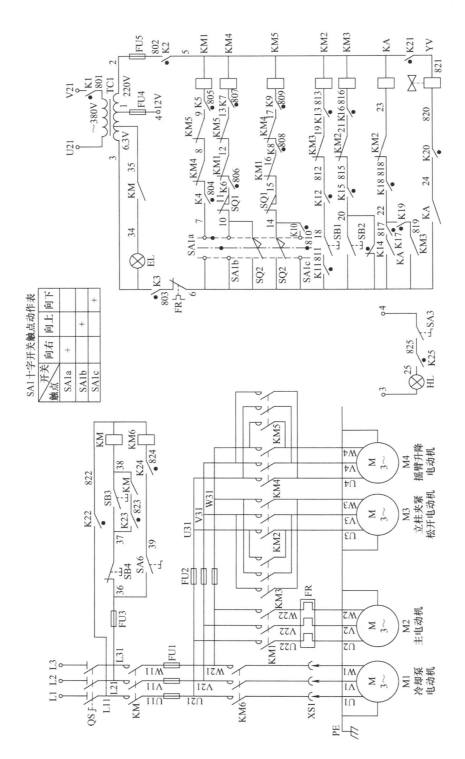

图 4-2-5　KH-Z3040B 型摇臂钻床故障电气原理图

表 4-2-2　　KH－Z3040B 型摇臂钻床电气控制电路常见故障

序号	故障现象	故障原因	故障检修
1	操作时一点反应也没有	（1）电源没有接通 （2）FU3 烧断或 L11、L21 导线有断路或脱落	（1）检查插头、电源引线、电源开关 （2）检查 FU3、U11、U21 线
2	按 SB3，KM 不能吸合，但操作 SA6，KM6 能吸合	36—37—38—KM 线圈—L11 中有断路或接触不良	用万用表电阻档对相关电路进行测量
3	控制电路不能工作	（1）FU5 烧断 （2）FR 因主轴电动机过载而断开 （3）5 号线或 6 号线断开 （4）TC1 变压器线圈断路 （5）TC1 一次侧进线 U21、V21 中有断路	（1）检查 FU5 （2）对 FR 进行手动复位 （3）查 5、6 号线 （4）查 TC1 线圈 （5）查 U21、V21 线
4	主轴电动机不能起动	（1）十字开关接触不良 （2）KM4（7—8）、KM5（8—9）常闭触点接触不良 （3）KM1 线圈损坏 （4）KM 主触点损坏 （5）FU1 熔断	（1）更换十字开关 （2）调整触点位置或更换触点 （3）更换线圈 （4）检查 KM 主触点，修复或更换 （5）检查 FU1
5	主轴电动机不能停转	KM1 主触点熔焊	更换触点
6	摇臂升降后，不能夹紧	（1）SQ2 位置不当 （2）SQ2 损坏 （3）连到 SQ2 的 6、10、14 号线中有脱落或断路	（1）调整 SQ2 位置 （2）更换 SQ2 （3）检查 6、10、14 号线
7	摇臂升降方向与十字开关标志的扳动方向相反	摇臂升降电动机 M4 相序接反	更换 M4 相序
8	立柱能放松，但主轴箱不能放松	（1）KM3（6—22）接触不良 （2）KA（6—22）或 KA（6—24）接触不良 （3）KM2（22—23）常闭触点不通 （4）KA 线圈损坏 （5）YV 线圈开路 （6）22、23、24 号线中有脱落或断路	用万用表电阻档检查相关部位并修复

能力提高案例：X6132 型万能铣床

1. 铣床概述

（1）铣床的结构与用途

卧式万能铣床主要由床身、主轴变速盘、进给变速盘、悬梁、刀杆支架、升降台、溜板及工作台等部分组成，如图 4-2-6 所示。

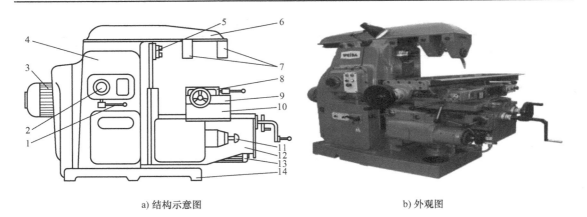

a) 结构示意图　　　　　　　　　　　　　　　b) 外观图

图 4-2-6　铣床

1—主轴变速手柄　2—主轴变速盘　3—主轴电动机　4—床身　5—主轴　6—悬梁　7—刀杆支架

8—工作台　9—转动部分　10—溜板　11—进给变速手柄及变速盘　12—升降台

13—进给电动机　14—底盘

（2）铣床的运动及控制要求

1）主运动：铣刀的旋转运动。

2）进给运动：工作台带动工件相对于铣刀的移动。

① 进给运动分纵向（左、右）、横向（前、后）和垂直（上、下）6 个方向，通过进给方向选择手柄与行程开关，配合进给电动机的正反转来实现；进给速度通过机械调速环节实现，要求有变速冲动控制环节；为便于操作，进给运动分两地控制。

② 在铣削加工中，为了防止工件与铣刀碰撞发生事故，要求进给运动要在铣刀旋转时才能进行，所以进给电动机的控制要有顺序联锁。

③ 为了保证机床、刀具的安全，铣削加工时，只允许工作台做一个方向的进给运动；使用圆工作台加工时，不允许工件纵向、横向和垂直方向的直线进给运动。为此，各方向进给运动之间应具有联锁控制环节。

工件在纵向、横向和垂直 6 个方向的快速移动如图 4-2-7 所示。

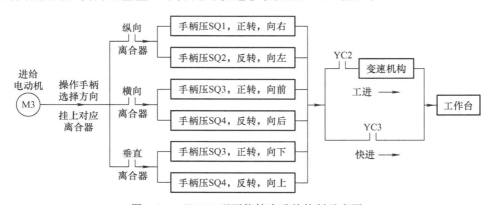

图 4-2-7　X6132 型万能铣床进给控制示意图

2. X6132 型万能铣床控制电路

X6132 型万能铣床控制电气原理图如图 4-2-8 所示，下面进行具体的分析。

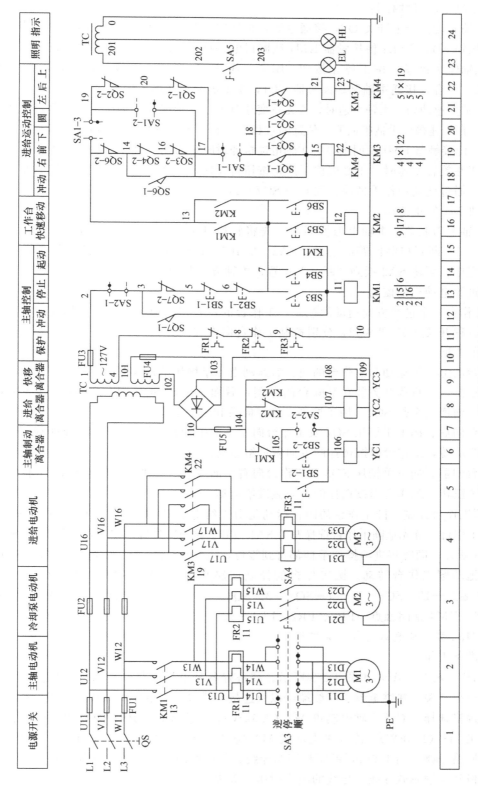

图 4-2-8　X6132型万能铣床控制电气原理图

（1）主轴电动机的控制

1）主轴起动：合上开关 QS，接通电源，把换向开关 SA3 转到主轴所需的旋转方向，按下起动按钮 SB3 或 SB4 使接触器 KM1 线圈得电并自锁，即可起动主轴电动机 M1。

2）主轴停车制动：按下停止按钮 SB1 - 1 或 SB2 - 1，KM1 线圈断电，其常闭触点（104—105）闭合，接通主轴制动离合器 YC1，主轴因制动而迅速停车。

3）主轴变速冲动：主轴变速时，首先将变速盘上的变速操作手柄拉出，然后转动变速盘选好速度，在变速操作手柄推回原来位置的过程中，瞬间压下行程开关 SQ7，SQ7 - 1(3—11) 触点闭合，使接触器 KM1 瞬时通电，主轴电动机即瞬时转动，以利于变速齿轮啮合。

主轴正在旋转变速时，不必先按下停止按钮再变速，因为在变速操作手柄推回原来位置的过程中，通过变速操作手柄使行程开关 SQ7 - 2(3—5) 触点断开，KM1 线圈因断电而释放，电动机 M1 停止转动。

4）主轴上刀制动：主轴上刀换刀时，先将转换开关 SA2 扳到"接通"位置，其触点 SA2 - 1(2—3) 断开控制回路的电源，SA2 - 2(105—106) 接通 YC1 回路，使主轴得以制动。上刀完毕，再将 SA2 扳到"断开"位置，主轴方可起动。

（2）进给电动机的控制

1）工作台 6 个进给方向运动的控制：工作台的左右运动由纵向操作手柄控制，其联动机构通过行程开关 SQ1 和 SQ2，分别控制工作台向右或向左运动，手柄所指的方向就是工作台运动的方向。

升降台的上、下运动和工作台的前、后运动由十字操作手柄控制。手柄的联动机构与行程开关相连接，该行程开关装在升降台的左侧，后面一个是 SQ3，用于控制工作台向前和向下运动；前面一个是 SQ4，用于控制工作台向后和向上运动。

工作台向后、向上手柄压 SQ4 及工作台向左手柄压 SQ2，接通接触器 KM4 线圈，进给电动机 M3 反转，工作台即按选择的方向做进给运动。

工作台向前、向下手柄压 SQ3 及工作台向右手柄压 SQ1，接通接触器 KM3 线圈，进给电动机 M3 正转，工作台即按选择的方向做进给运动。

2）圆工作台控制：圆工作台的回转运动是由进给电动机 M3 经传动机构驱动的。如果要使用圆工作台，首先把圆工作台选择开关 SA1 扳到"接通"位置，使 SA1 - 2 闭合，SA1 - 1 和 SA1 - 3 断开，同时将进给操作手柄都打到零位，电动机 M1、M3 分别由 KM1、KM3 控制运转，拖动圆工作台转动。圆工作台的控制回路是：1—FU3—SA2 - 1—SQ7 - 2—7—KM1 常开触点—13—SQ6 - 2—14—SQ4 - 2—SQ3 - 2—SQ1 - 2—SQ2 - 2—SA1 - 2—15—KM3 线圈—KM4 常闭触点—FR3、FR2、FR1—4。

3．X6132 型万能铣床电气安装接线

（1）准备工作

1）图样、材料：图样如图 4-2-9 所示。准备好各种电器元件和材料，包括接触器、控制按钮、行程开关、热继电器、接线端子以及连接导线等。主电路中导线截面积根据电动机的型号和规格选择，对于主轴电动机 M1（7.5kW），选择 4mm² BVR 型塑料铜芯线；对于进给电动机 M3（1.5kW）、冷却泵电动机 M2（0.125kW），选择 1.5mm² BVR 型塑料铜芯线；控制回路一律采用 1.0mm² 的塑料铜芯导线；敷设控制板选用单芯硬导线；其他连接用多股同规格塑料铜芯软导线。导线的绝缘耐压等级为 500V。

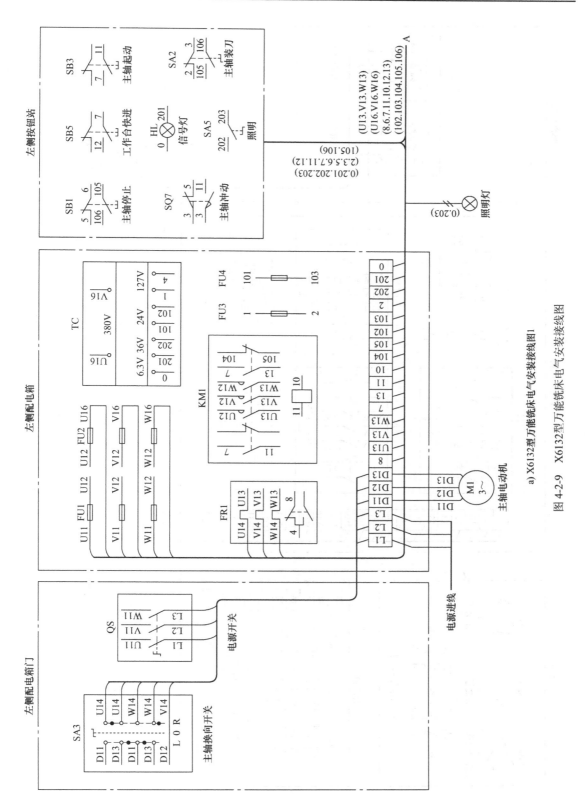

图 4-2-9　X6132型万能铣床电气安装接线图

a) X6132型万能铣床电气安装接线图1

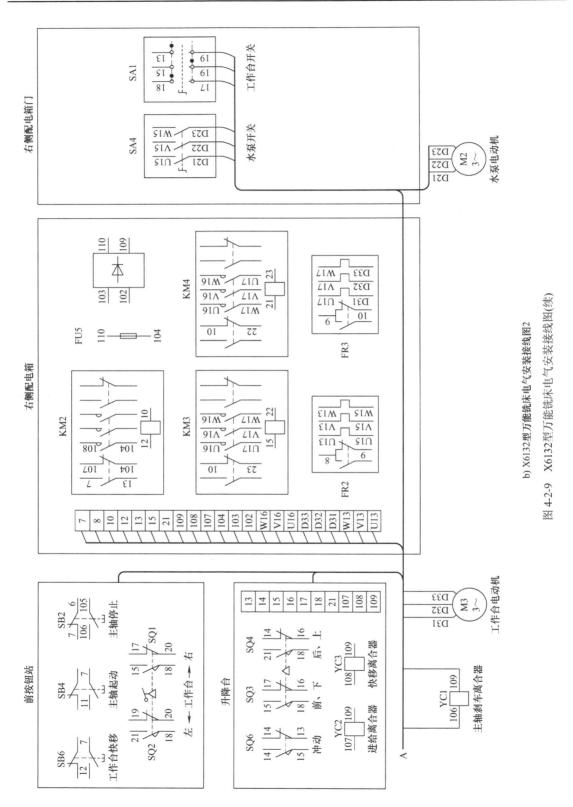

b) X6132型万能铣床电气安装接线图2

图 4-2-9 X6132型万能铣床电气安装接线图(续)

2）核对所有元件的型号、规格及数量，检测是否良好；检测电动机三相绕组电阻是否平衡，绝缘是否良好，若绝缘电阻低于 $0.5M\Omega$，则必须进行烘干处理，或进一步检查故障原因并予以处理；检测控制变压器一、二次侧绝缘电阻，检测实验状态下两侧电压是否正常；检查开关元件的开关性能及外形是否良好。

3）工具：准备电工工具一套、钻孔工具一套（包括手枪钻、钻头及丝锥）。

（2）制作控制板

X6132 型万能铣床电气安装接线图如图 4-2-9 所示，应制作电气控制板 8 件，分别为左、右侧配电箱控制板，左、右侧配电箱门控制板，左侧按钮站，前按钮站，升降台和升降台上的控制按钮盒，其制作工艺过程大致相同。

（3）安装元件

安装元件时，元件与底板要保持横平竖直，所有元件在底板上要固定牢固，不得有松动现象。行程开关安装时，要将行程开关放置在撞块安全撞压区内，固定牢固。元件布置要美观、均匀，并留出配线空间，固定电气标牌。

（4）敷线

导线的敷设方法有走线槽敷设法和沿板面敷设法两种。前者采用塑料绝缘软铜线，后者采用塑料绝缘单芯硬铜线。采用硬导线的操作方法及要求如下：

1）按照图样上电路走线的方向，确定导线敷设的位置和长度（包括连接长度及弯曲裕度）。敷设导线时，应尽量减少电路交叉，在平行于板面方向上的导线应平直，在垂直于板面方向上的导线应高度相同。

2）导线敷设完毕，进行修整，然后固定绑扎，并用小木槌将线轻轻敲打平整，以保证其工整、美观。

3）对于导线与端子的连接，当导线根数不多且位置宽松时，采用单层分列；如果导线较多，位置狭窄，则采用多层分列，即在端子排附近分层之后，再接入端子。导线接入时，应根据实际需要剥切出连接长度，除锈，然后套上标号套管，再与接线端子可靠连接。连接导线一般不走架空线（不跨越元件），不交叉，以求板面整齐美观。

（5）检查

对照 X6132 型铣床相关的电气原理图样，详细检查各部分接线、电气编号有无遗漏和错误，检查布线是否合理、正确，所有安装及接线是否符合质量要求。

（6）通电调试

此过程由学生自行分析。

【巩固与提高】

1. 对 MGB1420 型磨床电气控制电路中出现的故障现象和原因作总结。

2. 对 X6132W 型万能铣床电气控制电路中出现的故障现象和原因作总结。

项目五　简单电梯控制电路的设计、安装与调试

子项目 5-1　带式输送机电气控制系统设计

【任务描述】

在发电厂常见到煤在带式输送机上传送，在煤矿企业可以看到地底的煤源源不断地送达地面，然后直接传送到各个车辆上。带式输送机也叫带式输送机或胶带输送机，是组成有节奏的流水作业线所不可缺少的经济型物流输送设备。带式输送机按其输送能力可分为重型带式机（如矿用带式输送机）和轻型带式机（用在电子塑料、食品轻工、化工医药等行业）。带式输送机输送能力强，输送距离远，结构简单，易于维护，能方便地实现程序化控制和自动化操作。实际生产中，可运用输送带的连续或间歇运动来输送 100kg 以下的物品或粉状、颗状物品，其运行高速、平稳、噪声低，并可以上下坡传送。带式输送系统如图 5-1-1 所示。

图 5-1-1　某厂带式输送系统

带式输送机广泛应用于家电、电子、电器、机械、烟草、注塑、邮电、印刷、食品等各行各业以及物件的组装、检测、调试、包装和运输等工序。其中线体输送方式比较常见，线体输送方式可根据工艺要求选用，如普通连续运行、节拍运行、变速运行等多种控制方式；也可因地制宜选用直线、弯道、斜坡等形式。带式输送机主要由机架、输送带、输送带辊筒、张紧装置、传动装置等组成。在电气控制系统中，通常通过控制带式输送机的电动机即可改变输送带输送的方向，同时可以利用按钮或时间继电器实现多台带式输送机的传送次序和方向的组合。

【任务目标】

知识目标：

1. 了解行业相关的国家规范与标准；
2. 熟悉低压电气原理图的绘制原则；
3. 熟悉带式传送控制的运行要求。

能力目标：

1. 能够初步完成相关的设计要求；
2. 按照要求进行原理图、布置图和接线图的绘制；
3. 能够正确选择相应的元件；
4. 能够综合运用前面所学知识并进行相应的运用；
5. 能与相关人员顺利进行交流、沟通并形成总结性意见；
6. 进一步掌握电气原理图的设计方法。

【完成任务的计划决策】

带式传送应用很广泛，现在结合酒类生产的带式传输线进行介绍。某带式输送机由 3 条输送带组成，由三台电动机控制，控制顺序可以是三条输送带依次起动，逆序停止，也可逆起顺停，也可同时起动同时停止。从酒类生产线出发，通常要进行各种原料的混合，所以选择 1 号、2 号输送带运送左右两侧不同的原料，然后由 3 号输送带运出，如图 5-1-2 所示，若需添加多种原料，只需添加类似的控制电路即可，所以该类方式可扩展到多种原料混合的场合中，较典型。

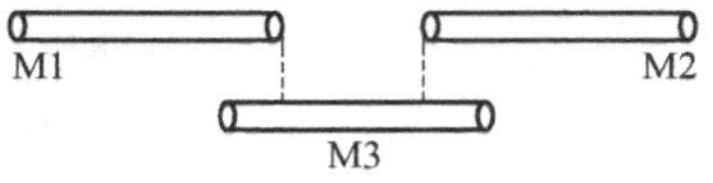

图 5-1-2　带式传送示意图

【实施过程】

一、阅读设计任务，明确设计要求

1 号、2 号输送带电动机的起动和停止由手动按钮控制，工作要求为：

1）1 号、2 号输送带电动机不能同时起动，也不能同时工作。

2）按下 1 号或 2 号输送带电动机的起动按钮时，要先使 3 号输送带电动机起动，经 20s 后，1 号或 2 号输送带电动机才起动。

3）按下 1 号或 2 号输送带电动机停止按钮后，为了使输送带上不堆原料，1 号或 2 号输送带电动机经 20s 停止，3 号输送带电动机经 60s 停止。

4）如果 1 号或 2 号输送带电动机过载，则 1 号或 2 号停车；3 号过载时，应全停。

5）过载时应发出指示信号。

二、确定控制方式

本项目主要是通过采取电流控制和时间控制来实现电动机的依次起动和停止，节省了人力，同时时间可根据不同的要求进行调整。

三、设计电气原理图

（一）设计主电路

因为三条输送带都是将相应的物料往外传输，动作简单，故具体要求是：

1）3 台电动机均采用全压起动。

2）采用单向长动控制。

3）主电路中含短路保护和过载保护。

设计主电路如图 5-1-3 所示，也可用低压断路器控制电源的通断，分别采用三个交流接触器实现对三台电动机的控制，同时采用了 FU1 对三台电动机进行短路保护，FR1～FR3 分别对三台电动机进行热过载保护。

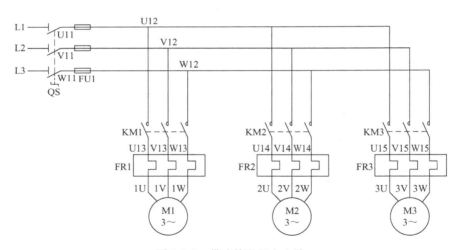

图 5-1-3　带式输送机主电路

（二）设计控制电路

1. 3 台电动机的顺序起动

要满足设备控制要求，需应用时间继电器以实现相应顺序控制。根据设计要求，3 号输送带电动机必须先起动，20s 后 1 号或 2 号才起动，则用按钮 SB2 或 SB3 控制 KMA 或 KA2 线圈，KA1、KA2 控制 KM3 线圈，同时 KA1、KA2 线圈分别并联时间继电器 KT1、KT2 线圈，保证在电动机 M3 起动瞬间开始计时，如图 5-1-4 所示。注意 SB2 为 M1 的起动按钮，

SB3 为 M2 的起动按钮。图中将 KM1、KM2 的常闭触点分别串接在 KT1、KT2 的线圈电路中，是因为延时后，KT1 或 KT2 不起作用，这样可以减少用电电器。

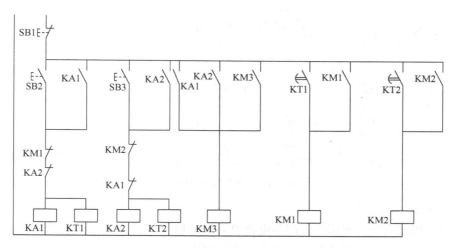

图 5-1-4　顺序起动控制的实现

2. 电动机 M1 和 M2 互锁

按任务要求，电动机 M1 和 M2 不能同时工作，则利用控制两台电动机的交流接触器的辅助常闭触点串联到对方电路中，如图 5-1-5 所示。为了防止起动时同时按下两台电动机的按钮，也可将起动按钮的辅助常闭触点串联到对方的线圈电路中，即同时采用电气互锁和机械互锁。

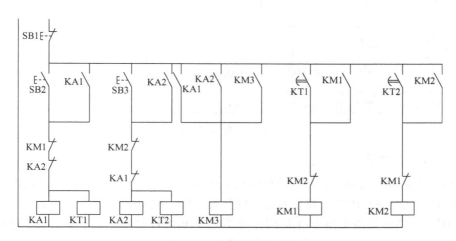

图 5-1-5　电气互锁的实现

3. 3 台电动机的停止

按设计要求，3 台电动机的停止有一个时间的延时，需要应用时间继电器控制，为了实现时间继电器的连续得电，采用了一个时间继电器的瞬动触点来实现自锁，其控制电路如图 5-1-6 所示。按下停止按钮 SB4 或 SB5 时，时间继电器 KT3 或 KT4 开始计时（KT3 控制 M1 和 M2 电动机延时停止，KT4 控制 M3 电动机延时停止），3 台电动机分别延时停转。

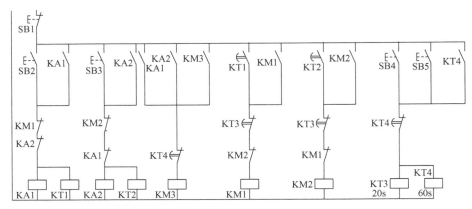

图 5-1-6　顺序停止的实现

4. 对初步设计的调整

若实际使用过程中，使用的时间继电器没有瞬动触点，需采用一个中间继电器的动断触点来代替时间继电器瞬时闭合的常开触点。也可将 KM1 和 KM2 线圈电路中的 KT3 延时断开动断触点合并，调整后的电路如图 5-1-7 所示。

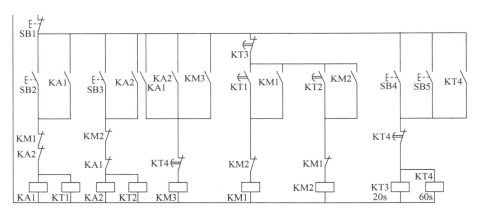

图 5-1-7　电路的调整

（三）加入保护环节

电动机 M1 或 M2 过载时该台电动机停转，电动机 M3 过载时，3 台电动机都停转，故 3 台电动机的热继电器常闭触点要接到适当的位置才行。控制电路保护调整如图 5-1-8 所示，分别在 KM1 和 KM2 线圈电路中串入 FR1 和 FR2 辅助常闭触点，当 M1 或 M2 过载时，相应电路断开。又由于 M3 过载，所有电动机都停止，所以将 FR3 的辅助常闭触点串联在 KM1、KM2 和 KM3 线圈共有的电路中。

（四）辅助电路设计

根据任务要求，过载时实现灯光指示，可由热继电器的辅助常开触点来实现。如图 5-1-9 所示，3 台电动机过载时，各自的指示灯才亮，如 M1 过载，FR1 辅助常开触点闭合，显示 M1 过载的灯 HL1 亮；M2 过载，FR2 辅助常开触点闭合，HL2 灯亮；M3 过载，HL3 灯亮。

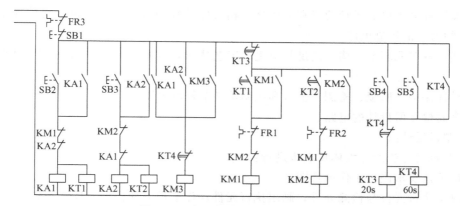

图 5-1-8 加入保护环节的控制电路

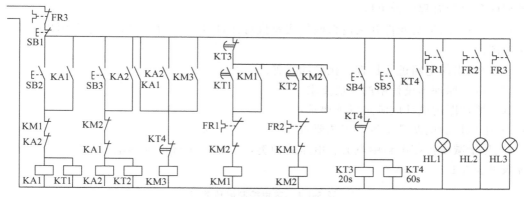

图 5-1-9 添加辅助电路的控制电路

（五）电路检查

对设计好的电气原理图进行检查，看功能是否完善，有无寄生电路或多余电路等。

知识点学习 1：电气原理图设计的步骤与方法

1. 电气原理图设计的基本步骤

1）根据选定的拖动方案和控制方式设计系统的原理框图，列出各部分的主要技术要求和主要技术参数。

2）根据各部分的要求，设计出原理框图中各个部分的具体电路。对于每一部分电路的设计都是按照主电路→控制电路→联锁与保护→总体检查的顺序进行，反复修改与完善。

3）绘制系统总原理图，按系统原理框图结构将各部分电路连成一个整体，完善辅助电路，绘成系统电气原理图。

4）合理选择电气原理图中每一电器元件，列出电器元件明细表。

2. 电气原理图的设计方法

（1）分析设计法

1）设计各控制单元中拖动电动机起动、正反向运转、制动、调速、停车等环节的主电路或执行元件的电路。

2）设计各电动机的运转功能和工作状态相对应的控制电路，以及执行元件规定动作与指令信号相对应的控制电路。

3）连接各单元环节，构成满足整机生产工艺要求，实现自动或半自动加工过程的控制电路。

4）设计保护、联锁、检测、信号和照明等环节控制电路。

5）全面检查所设计的电路。

（2）逻辑设计法

采用逻辑设计法设计大体按五步进行：

1）按工艺要求画出工作循环图。

2）决定执行元件与检测元件，画出执行元件动作节拍表和检测元件状态表。

3）根据检测元件状态表写出各程序的特征码，并确定相区分组，设置中间记忆元件，使各相区分组所有程序皆可区分。

4）列写中间记忆元件开关逻辑函数式及执行元件动作逻辑函数式，进而画出相应的电气原理图。

5）对画出的电路进行检查、化简和完善。

（3）电气原理图设计中的一般要求

电气原理图的设计应满足以下要求：

1）电气控制电路满足生产工艺要求。

2）尽量减少控制电路中电流、电压的种类，控制电压选择标准电压等级。常用控制电压等级见表 5-1-1。

表 5-1-1　常用控制电压等级

控 制 电 路		常用的电压值/V	电 源 设 备
交流电力传动的控制电路（较简单）	交流	380、220	不用控制电源变压器
交流电力传动的控制电路（较复杂）		110（127）、48	采用控制电源变压器
照明及信号指示电路		48、24、6	采用控制电源变压器
直流电力传动的控制电路	直流	220、110	整流器或直流发电机
直流电磁铁及电磁阀		48、24、12	整流器

3）确保电气控制电路工作的可靠性和安全性。为保证电气控制电路可靠工作，应考虑以下几方面：

① 尽量减少电器元件的品种、规格与数量。

② 正常工作中，尽可能减少通电电器的数量。

③ 合理使用电器触点。

④ 做到正确接线：一要正确连接电器线圈，二要合理安排电器元件及触点的位置，三要注意避免出现寄生电路，如图 5-1-10、图 5-1-11 所示。

⑤ 尽量减少连接导线的数量，缩短连接导线的长度。

4）应具有必要的保护。

5）电路设计要考虑操作、使用、调试与维修的方便。

6）电路力求简单经济。

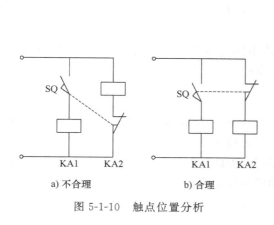

图 5-1-10　触点位置分析

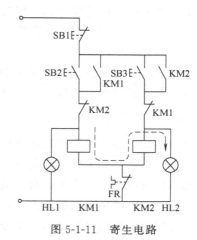

图 5-1-11　寄生电路

四、电器元件及导线的选择

（一）电源开关的选择

电源开关的选择主要考虑电动机 M1～M3 的额定电流和起动电流，本项目为便于直观分析，加有 3 个指示灯，没有采用变压器，可不用计算变压器一次侧产生的电流。已知 M1～M3 为 4 极的 4kW 三相笼型异步电动机，其额定电流为 8.56A，因为 M1 和 M2 设置了互锁电路，只需计算两台电动机的额定电流之和，为 17.12A，考虑到电动机起动的冲击电流，将电源开关的额定电流确定为 25.68A 左右，故电源开关选择低压断路器，具体型号为 DZ47 - 32A/3，额定电流为 32A。

知识点学习 2：低压断路器的选择

低压断路器的额定电流是指断路器在规定条件下长期工作时的持续运行电流，额定电流等级一般有 6A、10A、16A、20A、32A、40A、63A 及 100A 等。

在选择低压断路器时，额定电流在 600A 以下，且短路电流不大时，可选用 DZ 系列断路器；额定电流较大，短路电流也较大时，应采用 DW 系列断路器。

一般选择的原则如下：

1）断路器的额定电压和额定电流应不小于电路的正常工作电压和工作电流。

2）热脱扣器的整定电流应与所控制电动机的额定电流或负载额定电流一致。

3）电磁脱扣器瞬时脱扣整定电流应大于负载电路正常工作时的尖峰电流，对于电动机负载来说，DZ 系列低压断路器的电磁脱扣器瞬时脱扣整定电流应按下式计算：

$$I_Z \geq K I_g \tag{5-1}$$

式中，K 为安全系数，可取 1.5～1.7；I_g 为电动机的起动电流。

（二）熔断器的选择

对于主电路熔断器的选择，由于电动机的功率相等，因此每台电动机主电路中的熔断器选择相同的规格，其额定电流可按电动机额定电流的 1.5～2.5 倍选择，即 $2 \times 8.56A = 17.12A$，故而熔断器的电流可选择 20A，因为主电路中最多是两台电动机能同时得电，根据式(5-1)，K 取 1.4，故在主电路中选择熔断器的额定电流为 20A，具体型号为 RT14 - 20，额定电压为 380V。

控制电路中熔断器的选择根据回路电压的不同进行相应的选择，对于 380V 接触器回路，熔断器的额定电流可取 10A，具体型号为 RE14 - 10/1。

（三）接触器的选择

接触器的选择依据主要是电源种类（交流与直流）、负载回路的电压、主触点额定电流、辅助触点的种类和数量以及触点的额定电流、额定操作频率等。

在该控制电路中，由于 3 台电动机频率相同，因此控制每台电动机的接触器选择相同的规格，考虑到电动机起动电流大小，可按电动机额定电流的 1.5～2 倍选择，即 17.12A，因此接触器的额定电流可取 20A，型号为 CJX1 - 9/22。

（四）热继电器的选择

热继电器的选择应根据电动机的工作环境、起动情况、负载性质等因素综合考虑，在该电路中，根据电动机额定电流的 0.95～1.15 倍选择热继电器。FR1～FR3 选用 JR10 - 20 型热继电器，额定电流调整在 8.6A。

（五）时间继电器的选择

根据电路要求，时间继电器选用数字式通电延时型，起动和停止各需要 2 个，具体型号为 JS14C，触点额定电流为 5A，线圈电压为 380V。

（六）中间继电器的选择

由于中间继电器的体积较接触器小，在控制电路中经常选用。在本电路中采用 2 个中间继电器，型号可选择 JZ8，触点额定电流为 5A，线圈电压为 380V。

（七）控制按钮的选择

在电路中使用了 5 个控制按钮，2 个为起动按钮，1 个为急停按钮，2 个为 M1、M2 的停止按钮，按钮可采用型号 LA4 - 3H。按要求，起动按钮为绿色，停止按钮为红色。

（八）指示灯的选择

该电路可用到 3 个指示灯（红色），选用型号为 ZSD - 0，额定电压为 380V，分别代表着 3 台电动机过载时的照明指示。若采用变压器，则可选用 40W、36V 的指示灯。

（九）电缆与导线的选择

控制系统总的输电电缆的选择主要考虑电动机 M1～M3 的额定电流和起动电流，已知 3 台笼型异步电动机额定电流分别为 8.56A，易算得额定电流和为 25.68A，考虑到电动机起动电流大小，输电电缆的额定电流确定为 1.5×25.68A＝38.52A 左右，故输电电缆选择 YHZ 型的 4 芯橡胶套电缆。

主电路的安装配线选用 BV4mm² 的导线，控制电路安装配线选用 BV1.5mm² 的导线。基于以上选择，配出材料清单，见表 5-1-2。

表 5-1-2　所需材料清单

符号	名　称	型号及规格	数量	用　途	备注
M1	三相交流异步电动机	Y112M－4 4kW 380V 1460r/min	1		
M2	三相交流异步电动机	Y112M－4 4kW 380V 1460r/min	1		
M3	三相交流异步电动机	Y112M－4 4kW 380V 1460r/min	1		
SB1	总停按钮			急停	
SB2	起动按钮			起动 M1	
SB3	起动按钮	LA4－3H	5	起动 M2	
SB4	停止按钮			停止 M1	
SB5	停止按钮			停止 M2	
FU1	主电路保护熔断器	RT14－20	3	主电路短路保护	
FU2	控制电路保护熔断器	RE14－10/1	2	控制电路短路保护	
KM1	交流接触器	CJX1－9/22	1	控制 M1	
KM2	交流接触器	CJX1－9/22	1	控制 M2	
KM3	交流接触器	CJX1－9/22	1	控制 M3	
FR1	热继电器	JR10－20	1	M1 过载保护	
FR2	热继电器	JR10－20	1	M2 过载保护	
FR3	热继电器	JR10－20	1	M3 过载保护	
KT	时间继电器	JS14C 1～99s	4	触点电流 5A	
KA	中间继电器	JZ8	2	触点电流 5A	
HL1～HL3	指示灯	ZSD－0　红色	3	过载报警指示	
SA	开关		1	报警电路停止	
XT	端子排	TB－1512	1	连接	
XT	端子排	TB－2512L	1	连接	

五、带式输送机电气控制电路的安装、调试和运行

（一）绘制电气安装接线图

根据电气原理图的标号顺序，完成电气安装接线图的绘制。要求电气安装接线图中的设备符号、节点标号正确无误。

1）按电器元件布置图安装固定所用电器。

2）参照电气安装接线图接线画法要求，请同学们根据自己设计的电路自行画出电气安装接线图。

（二）项目检查与评估

1）进行电路的静态检测。

2）检查、试运行电路。

【项目总结】

学生进行自评和互评，教师进行点评和总结。

【巩固与提高】

1. 某车床有两台电动机，一台是主轴电动机，要求能正反转控制；另一台是冷却泵电动机，要求单向运转控制；两台电动机都要求有短路、过载、欠电压和失电压保护，试设计出满足要求的电气原理图。

2. 设计一电气控制电路，要求第一台电动机起动后，经过 10s，第二台电动机 M2 起动，再经 5s，M1 停止，同时第三台电动机 M3 自行起动，又经 8s 后，M2 和 M3 自行停止。

子项目 5 - 2　电梯主要动作控制电路的设计、安装与调试

【任务描述】

电梯作为高层建筑中必不可少的运输设备，与人们的生活密切相关。电梯是根据外部呼叫信号以及自身控制规律运行的，是可以进行人机交互的系统，不能单纯地用顺序控制或逻辑控制，因此，电梯控制系统应采用随机逻辑方式控制，而利用低压电器元件控制是改造为微机控制和 PLC 控制的基础。

通常电梯系统由轿厢操纵盘、厅门、井道、安全窗、对重、安全钳、感应器、层站、楼层隔磁板、端站打板及各种动作开关组成。其中井道内设有轿厢，轿厢底部设有超载、满载开关；井道外每层设有楼层显示装置、外召按钮及指示装置；1 楼设基站电锁，井道顶部有机房，内设机房检修按钮、慢上开关、慢下开关、曳引机、导向轮和限速器；井道底部设有底坑、缓冲器、限速器绳轮；轿厢内设有轿门、门机机构、门刀机构、门锁机构、门机供电电路、安全触板、轿顶急停、检修开关、慢上开关、慢下开关、轿顶照明及轿顶接线箱，轿门和厅门上方设有楼层显示装置，轿门右侧设有内召按钮及指示装置、开关门按钮、警铃按钮、超载指示装置及满载指示装置。普通电梯如图 5-2-1 所示，在实际生活中最常见到的动作就是，人处在某一层时用外召按钮召唤电梯，电梯到达，开门和关门，乘客进入电梯后选择内召按钮到达某一层，遇到紧急情况可以报警等。

【任务目标】

知识目标：

1. 了解行业相关的国家规范与标准；

2. 熟悉低压电气原理图的绘制原则；

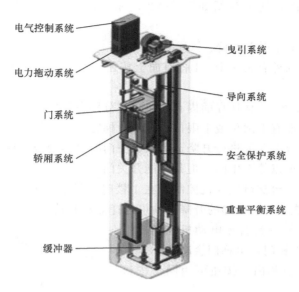

图 5-2-1　电梯示意图

3. 熟悉电梯控制的运行要求；

4. 进一步掌握电气原理图的设计方法。

能力目标：

1. 能够初步完成相关的设计；

2. 按照要求进行原理图、布置图和接线图的绘制；

3. 能够正确选择相应的元件；

4. 能够综合运用前面所学知识并进行相应的运用；

5. 能与相关人员顺利进行交流、沟通并形成总结性意见。

【完成任务的计划决策】

电梯的拖动系统经历了从简单到复杂的过程。电梯拖动系统主要有：单、双速交流电动机拖动系统，交流电动机定子调压调速拖动系统，直流发电机-电动机晶闸管励磁拖动系统，晶闸管直接供电拖动系统，VVVF（变压变频）调速拖动系统。可以只用传统的低压电器元件控制，也可以微机控制，还可改装为 PLC 控制，但是无论哪种控制方式都离不开传统的低压电器元件控制。

电梯控制系统是很复杂且多方面的，本项目选取典型的低压电器设备进行相应的控制，在此基础上可进行后续的 PLC 控制或过程控制等。

【实施过程】

一、阅读设计任务，明确设计要求

电梯控制系统较复杂，本案例以了解电梯的基本原理为目的，将电梯控制系统进行简化，选择 3 层电梯为例，其示意图如图 5-2-2 所示，设计中要求电梯控制系统满足以下要求：

1）能够实现电梯的上升和下降。

2）每层电梯外面的外召按钮中：1 楼有向上按钮，2 楼既有上升按钮也有下降按钮，3 楼只有下降按钮。

3）在电梯内有 1、2、3 楼选择的内召按钮，且分别在每层设置一急停按钮。

4）电梯在楼层中设有上限位或下限位，确保电梯完全到达每层时停止。

5）电梯必须在门合上才能进行升降运动，且关门时可实现减速控制。

6）电梯维修时，可以停在中间，但是不能开关门。

7）电梯的升降由一台交流电动机控制，在 1 楼时，只能向上运行；在 2 楼时，可以上下运行，在 3 楼时只能下行。电梯的升降制动可选择能耗制动和电磁抱闸制动之一。

8）电梯门开关由另一台直流电动机控制，门开关时，若乘客碰到电梯门，电梯门会减速。

9）电梯的外召按钮和内召按钮可用同一按钮控制。

10）过载时应采取相应的保护措施。

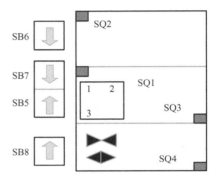

图 5-2-2　三层电梯工作示意图

如图 5-2-2 所示，图中 1、2、3 为电梯内部的内召按钮，在 1 楼电梯等候处有向上的外召按钮，在 2 楼电梯等候处有向上和向下两个外召按钮，在 3 楼电梯等候处有向下的外召按钮，示意图中用箭头表示。

同时在上升和下降过程中到达每个楼层的预设位置时，都能使电梯准确停止，故在每层楼上设有相应的行程开关进行控制，如当到达 1 楼时，必须碰到行程开关 SQ4 才能停止；当上升到达 2 楼时需碰到行程开关 SQ1，电梯才能停止，若是下降到 2 楼，则需碰到行程开关 SQ3 才能停止；当上升到 3 楼时电梯需碰到 SQ2 才能停止。

二、确定控制方式

因为电梯楼层的选择具有随机性，不能采用时间继电器、速度继电器或光电开关等元件，可用复合按钮进行电路的控制。

三、设计电气原理图

电梯控制系统的电路设计应考虑控制电梯升降的电路和控制电梯门开关的电路。

（一）电梯升降电路设计

1. 主电路设计

电梯的升降动作在运行过程中相当于传统电路的正反转，考虑到电梯在运行过程中多是重载而不能选择普通的倒顺开关，故采用接触器来实现正反转较好，且选择三相异步电动机带动较大的负载。在到达每层停止时，电梯需停在空中，在实际应用中常采用能耗制动和电磁抱闸制动结合。为了简化设计，电路中采用制动平稳、快速的电磁抱闸制动，当然同学们在设计时也可添加能耗制动。

确定电磁抱闸后，需确定采用断电抱闸还是通电抱闸，由于电梯在升降到楼层时需要平稳地停留在每一层，因此采用断电抱闸较好。设计参考主电路如图 5-2-3 所示，其中电压由 380V 变为 220V，后面接整流电路，为电梯门电动机的直流电源。

注意： 主电路中应含短路保护和过载保护。

2. 控制电路设计

如图 5-2-4 所示，控制电路中采用 KM1 和 KM2 接触器控制电梯的升降动作，在支路中设置了电气互锁。设置了 K1～K4 四个中间继电器实现电梯在不同楼层的上升和下降。其中 SB5 为从 1 楼上到 2 楼的外召按钮，SB6 为从 2 楼到 3 楼的外召按钮，SB7 为从 3 楼到 2 楼的外召按钮（注意图 5-2-4 中 SB5、SB7 仅为实现部分功能，完善功能留待学生完成），SB8 为从 2 楼下到 1 楼的外召按钮，同时因为在电梯内部设置有选择楼层的内召按

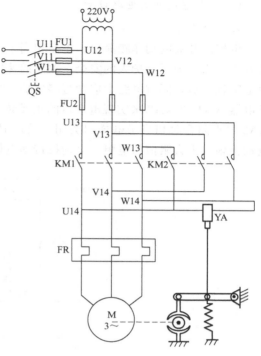

图 5-2-3　电梯升降主电路

钮，因其作用与外召按钮有类似之处，故选择 1 楼的内召按钮与 SB8 并联，选择 2 楼的内召按钮与 SB5 和 SB7 并联，选择 3 楼的内召按钮与 SB6 并联即可，简化了元件。

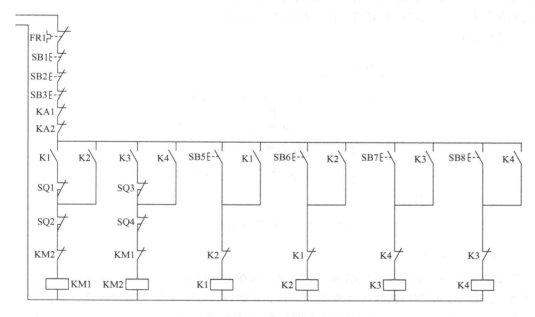

图 5-2-4　电梯升降控制电路

（二）电梯门开关电路设计

1. 主电路设计

电梯门开关的动作较简单，也是相当于正反转，由于电梯门需要慢启慢停，且在关门时若有人进来，为了保护人的安全，关门的速度应减慢，故在过程中采用直流电动机定子绕组串电阻较合适，同时电路中应含短路保护。如图 5-2-5 所示，电梯门电动机采用了两个中间继电器 KA1 和 KA2 来实现电动机的正反转，当 KA1 的触点闭合时相当于电梯门打开，当 KA2 触点闭合时相当于电梯门关闭，关门时有人碰到门时，关门减速开关 SG 断开，直流电动机串入更大阻值的电阻，电动机带动电梯门关的速度减慢，保障人的安全。

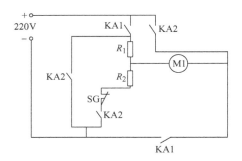

图 5-2-5　电梯门开关主电路

2. 控制电路设计

根据主电路的设计，在控制电路中只需分别使 KA1 和 KA2 线圈得电，即可实现电梯门开关控制，同时在电路中应设置互锁防止开关门同时得电造成短路，本设计采用了电气互锁。考虑到在开关门过程中，到达位置就应将电动机停止，采用了两个行程开关，SQ5 为开门到位行程开关，SQ6 为关门到位行程开关，碰到 SQ5 或 SQ6 即停止相应的电路，电路如图 5-2-6 所示。

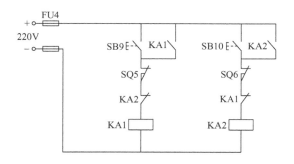

图 5-2-6　电梯门开关控制电路

3. 辅助电路设计

为了保障电梯在运行中的照明和空气流通，可在电梯里面安装一照明灯和风扇，为了使电梯在运行过程中，电梯内的风扇和照明灯一直处于运行状态，添加了辅助电路，如图 5-2-7 所示，在 220V 电源引入后，EL 和风扇立即运行，当然也可给照明灯和风扇起动设置条件，在这就不详述了。电梯升降控制总图如图 5-2-8 所示。

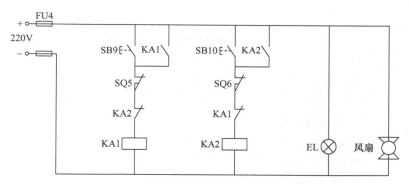

图 5-2-7 添加辅助电路

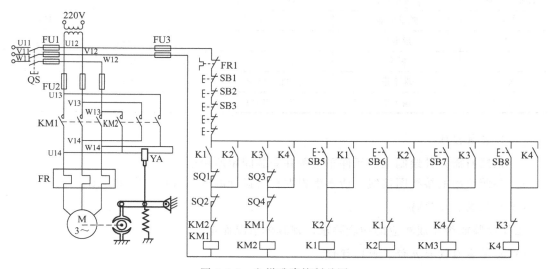

图 5-2-8 电梯升降控制总图

四、简单电梯控制系统的元件选择、安装和调试

(一)选择电器元件并编制清单

简单电梯控制系统的元件选择清单见表 5-2-1。

表 5-2-1 简单电梯系统的元件选择清单

符 号	名 称	型号及规格	数量	配置位置	备 注
M	交流异步曳引电动机	Y90S-6 380V 0.75kW	1	机房	
M1	直流电动机	220V	1	自动门机	
SB1	一层急停按钮	LA4-3H	1	控制柜	
SB2	二层急停按钮	LA4-3H	1	控制柜	
SB3	三层急停按钮	LA4-3H	1	控制柜	
T	变压器	380V/220V/24V	1	控制柜	24V备用
K1~K4	中间继电器	380V	4	控制柜	升降
KA1~KA2	开关门继电器	220V	2	控制柜	自定

（续）

符　号	名　称	型号及规格	数量	配置位置	备　注
SQ1～SQ4	上下限位开关	380V	4	井道	自定
SQ5、SQ6	开关门限位开关	220V	2	井道	自定
SB9～SB10	开关门按钮	220V	2	操作箱	自定
FU1	总电路保护熔断器	380V	3	控制柜	自定
FU2	主电路保护熔断器	380V	3	控制柜	自定
FU3	升降控制保护熔断器		2	控制柜	自定
FU4	门控制保护熔断器		2	控制柜	自定
KM1、KM2	交流接触器	CJX1－9/22 380V	2	控制柜	可自定
FR	热继电器		1	控制柜	自定
EL	指示灯		1	轿内	自定
	风扇		1	轿内	自定
XT	端子排	TB－1512	1	连接	
XT	端子排	TB－2512L	1	连接	

（二）安装接线

1）根据所需元件绘制电器元件布置图并安装固定所用电器。

2）参照给出的接线图接线，请学生根据自行设计的电路自行画出接线图。

（三）检查、试运行

主要检验能否完成相应的功能要求，视具体情况而定。

（四）学生自评与互评、教师评价

应根据学生设计的不同情况进行分析与评价，含思路、可行性等。

【项目总结】

学生进行自评和互评，教师进行点评和总结。

扩展知识点学习：故障条件下的触电防护

由于配电箱是操作人员经常接触到的设备，所以要特别注意防止触电。

（一）电气设备分类

根据电气设备防电击方式的不同，电气设备可分为四类。

1. 0类设备

该类设备具有可导电的外壳，只有单一的基本绝缘，无保护线端子。当基本绝缘损坏时，外壳呈现故障电压。0类设备只能在对地绝缘的环境中使用，或用隔离变压器等安全电源供电。

2. I类设备

和0类设备相同，但其外露导电部分上配置有连接保护线的端子。在工程设计中对此类设备需用保护线进行接地连接，并在电源线路中装设保护电器，使其在规定时间内切断故障电路。

3. Ⅱ类设备

除基本绝缘外，还增设附加绝缘以组成双重绝缘，或设置相当于双重绝缘的加强绝缘，或在设备结构上进行相当于双重绝缘的等效处理，使这类设备不会因绝缘损坏而发生接地故障，因此在工程设计中不需再采取防护措施。

4. Ⅲ类设备

额定电压采用 50V 及以下的特低电压，此电压与人体的接触不致造成伤害。在工程设计中常用该类设备为一次电压为 220V 或 380V 的隔离变压器供电。

（二）基本要求

1. 接触电压限值和切断故障电路时间的要求

Ⅰ类设备自动切断故障电路防间接电击措施的保护原理在于当设备绝缘损坏时，尽量降低接触电压值，并限制此电压对人体的作用时间，以避免导致电击事故。为防电击，正常环境中当接触电压超过 50V 时，应在规定时间内切断故障电路。在配电线路保护中称为接地故障保护，以区别于一般的单相短路保护。

自动切断故障电路保护措施的设置要求，应注意与下述条件相适应：

1）电气装置的系统接地类型（TN、TT 或 IT 系统）。

2）电气回路中保护线的截面积。

3）电气设备的使用状况（固定式、手握式或移动式）。

2. 接地和总等电位联结

接地和总等电位联结都是降低建筑物电气装置接触电压的基本措施。外露导电部分应通过 PE 线接地，其作用已为人所熟知。总等电位联结的作用在于使各导电部分以及地面的电位趋于接近，从而降低接触电压。总等电位联结还具有另一重要作用，即它能消除或降低自外部窜入建筑物电气装置内的危险电压。如果建筑物或装置内未作总等电位联结，或位于总等电位联结作用区以外，则应补充其他保护措施。

在电气装置或建筑物内，不论采用何种接地系统，应将下列导电部分互相联结，以实施总等电位联结。

1）进线配电箱的保护母线或端子。

2）接往接地极的接地线。

3）金属给、排水干管。

4）煤气干管。

5）暖通和空调立管。

6）建筑物金属构件。

建筑物金属构件和各种金属管道有多点自然接触，如有具体困难，视情况也可不连接。一般在进线处或进线配电箱近旁设接地汇流排（端子板），将上述连接线汇接于此汇流排上，如图 5-2-9 所示。

3. 局部等电位联结

总等电位联结后，如果电气装置或其一部分在发生接地故障时，其接地故障保护不能满足前述接触电压限值或切断故障电路时间要求，应在局部范围内进行局部等电位联结，即在

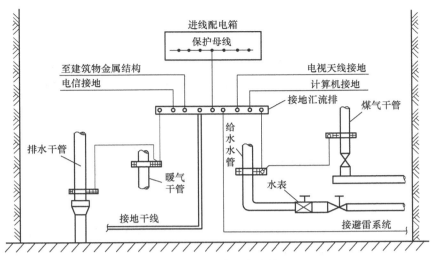

图 5-2-9 总等电位联结

该范围内上述相同部分互相连接。其连接方法可用等电位联结母线汇接，也可在伸臂梁或伸臂桁架的伸臂范围内将可同时触及的导电部分互相直接连接。

（三）TN 系统

1. 对保护电器动作特性的要求

TN 系统的接地故障为金属性短路时，其保护电器的动作特性应符合

$$Z_S I_{op} \leqslant U_O \qquad (5-2)$$

式中，Z_S 是接地故障回路阻抗，它包括故障电流所流经的相线、保护线和变压器的阻抗，故障处因被熔焊，故不计其阻抗；I_{op} 是保证保护电器在规定的时间内自动切断故障电路的动作电流；U_O 是相线对地标称电压，为 220V。

TN 系统允许最大切断接地故障回路时间见表 5-2-2。

表 5-2-2 TN 系统允许最大切断接地故障回路时间

回 路 类 别	允许最大切断故障回路时间/s
配电线路或给固定式电气设备供电的末端回路	5[①]
插座回路或给手握式、移动式电气设备供电的末端回路	0.4[②]

[①] 5s 的切断时间考虑了防电气火灾以及电气设备和线路绝缘的热稳定要求，也考虑了躲开大电动机起动时间和故障电流小时保护电器动作时间长等因素。

[②] 0.4s 的切断时间考虑了总等电位联结的作用、相线与保护线不同截面比以及电源电压±10％偏转变化等因素。

2. 常用的 TN 系统

TN 系统中常用到的有 TN-C、TN-S 和 TN-C-S 系统，如图 5-2-10 所示。

（1）TN-C 系统

TN-C 系统是用工作零线兼作接零保护线，可以称为保护性中性线，可用 PEN 表示。这种系统的特点如下：

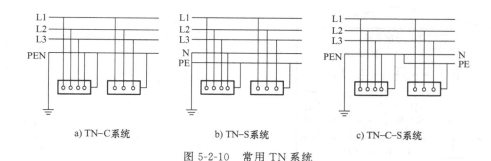

a) TN-C系统　　　　b) TN-S系统　　　　c) TN-C-S系统

图 5-2-10　常用 TN 系统

1) 由于三相负载不平衡，工作零线上有不平衡电流，对地有电压，所以与接零保护线所连接的电气设备金属外壳有一定的电压。

2) 如果工作零线断线，则保护接零的漏电设备外壳带电。

3) 如果电源的相线碰地，则设备的外壳电位升高，使中性线上的危险电位蔓延。

4) TN-C 系统干线上使用剩余电流动作保护装置时，工作零线后面的所有重复接地必须拆除，否则剩余电流动作断路器合不上；而且，工作零线在任何情况下都不得断线。所以，实用中工作零线只能让剩余电流动作保护装置的上侧有重复接地。

5) TN-C 系统只适用于三相负载基本平衡的情况。

（2）TN-S 系统

TN-S 系统是把工作零线 N 和专用保护线 PE 严格分开的供电系统。TN-S 系统的特点如下：

1) 系统正常运行时，专用保护线上没有电流，工作零线上有不平衡电流。PE 线对地没有电压，电气设备金属外壳接零保护接在专用的保护线 PE 上，安全可靠。

2) 工作零线只用于单相照明负载的回路。

3) 专用保护线 PE 不许断线，也不许进入剩余电流动作断路器。

4) 干线上使用剩余电流动作保护装置时，工作零线不得有重复接地，而 PE 线有重复接地，但是不经过剩余电流动作保护装置，所以 TN-S 系统供电干线上也可以安装剩余电流动作保护装置。

5) TN-S 系统安全可靠，适用于工业与民用建筑等低压供电系统。

（3）TN-C-S 系统

在用电设备临时供电时，如果前部分是 TN-C 系统供电，而工作现场必须采用 TN-S 系统供电，则可以在系统后部分现场总配电箱中分出 PE 线，这种系统称为 TN-C-S 系统。

TN-C-S 系统是在 TN-C 系统上临时变通的做法。当在三相电力变压器工作接地情况良好、三相负载比较平衡时，TN-C-S 系统在施工用电中还是可行的。但是，在三相负载不平衡、现场有专用的电力变压器时，必须采用 TN-S 系统。

3. 一般环境中局部等电位联结应用示例

1) 当配电线路较长，故障电流较小，过电流保护动作时间超过规定值时，可不放大线路截面积以缩短动作时间，而以局部等电位联结代替。

局部等电位联结降低接触电压如图 5-2-11 所示。

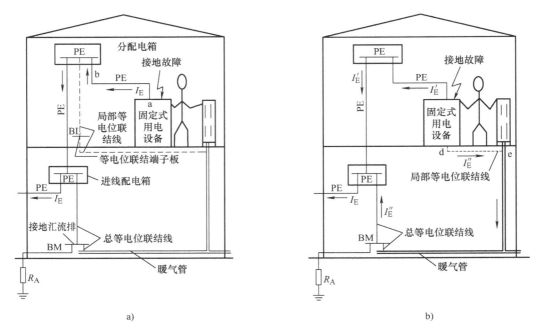

a)   b)

图 5-2-11 局部等电位联结降低接触电压

2）如果同一配电盘既供电给固定式设备，又供电给手握式或移动式设备，当前者发生接地故障时，引起的危险故障电压将通过保护线，蔓延到后者的金属外壳，而前者的切断故障时间可达 5s，这可能给后者的使用者带来危险，此时可采用局部等电位联结。

4. 相线与大地短路危害的防止

当相线与大地间发生直接短路故障时，由于故障点阻抗较大，故障电流 I_E 较小，线路首端的过电流保护电器往往不能动作，使 I_E 持续存在。I_E 在电源的接地极上将产生电压降 U_{REB}，此电压即为电源中性点对地的故障电压。此故障电压将沿保护线蔓延至用电设备的外壳上。

相线对大地短路引起的对地故障电压如图 5-2-12 所示。

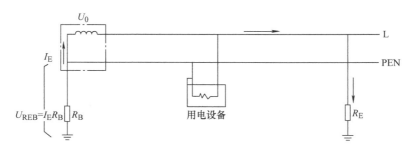

图 5-2-12 相线对大地短路引起对地故障电压

5. 保护电器的选用

TN 系统的接地故障多为金属性短路，故障电流较大，可利用原来作过负荷保护和短路保护的过电流保护电器（熔断器、低压断路器）兼作接地故障保护，这是 TN 系统的优点。但在某些情况下，如线路长、导线截面积小的情况，过电流保护电器常不能满足规定的切断故障电路时间要求，则采用剩余电流动作保护装置作专门的接地故障保护最为有效，此时必须设置专门的 PE 线。

6. 重复接地的设置

在 TN 系统中，宜将保护线与附近接地良好的金属导体相连接，使保护线的电位尽量接近地电位，降低发生接地故障和 PEN 线断线时外露导电部分和保护线的对地故障电压。

基于以上要求，在电源线进入建筑物内电气装置处宜尽量利用自然接地体进行重复接地。通常自进线配电箱的 PE（PEN）母线引出保护线至配电箱近旁的接地汇流排上，再自此汇流排引出接地线至接地极。

（四）TT 系统

1. 对保护电器动作特性的要求

TT 系统发生接地故障时，故障电路内包含有外露导电部分接地极和电源接地极的接地电阻。与 TN 系统相比，TT 系统故障电路阻抗大，故障电流小，故障点未被熔焊而呈现接触电阻，其阻值难以估算。因此用预期接触电压值来规定对保护电器动作特性的要求，如当预期接触电压等于或大于 50V 时，保护电器应在规定时间内切断故障电路。计算时未计故障点接触电阻，使计算所得的预期接触电压偏大，从而留有一定的裕量。满足：

$$R_A I_{op} \leqslant 50V \tag{5-3}$$

式中，R_A 是电气装置外露导电部分接地极电阻和 PE 线电阻之和（Ω）；I_{op} 是使保护电器在规定时间内可靠动作的电流（A），此规定时间对固定式设备为 5s。

2. 接地极的设置

在 TT 系统内，原则上各保护电器所保护的外露导电部分应分别接至各自的接地极上，以免故障电压的互窜。但实际上难以实现，这时可采用共同的接地极。对于分级装设的剩余电流动作保护装置，由于各级的延时不同，宜尽量分设接地极，以避免保护线的互相连通。

（五）IT 系统

1. 第一次接地故障时对保护电器动作特性的要求

IT 系统发生第一次一相接地故障时，故障电流为另两相对地电容电流的相量和，故障电流很小，外露导电部分的故障电压限制在 50V 及以下，不构成对人体的危害，不需要中断供电，这是 IT 系统的主要优点。发生第一次接地故障后应由绝缘监察器发出信号，以便及时排除故障，避免另两相再发生接地故障形成相间短路使过电流保护动作，引起供电中断。

2. 第二次接地故障（异相）时对保护电器动作特性的要求

当 IT 系统的外露导电部分单独地或成组地用各自的接地极接地时，如发生第二次接地故障（异相），故障电流流经两个接地极电阻，其防电击要求和 TT 系统相同。

IT 系统内外露导电部分用各自的接地极接地的方法如图 5-2-13 所示。

IT 系统内外露导电部分用共同的接地极接地的方法如图 5-2-14 所示。

3. IT 系统不宜配出中性线

IT 系统配出中性线后可取得照明、控制等用的 220V 电源电压。但配出中性线后，如果它因绝缘损坏对地短路，因中性线接近地电位，绝缘监察器不能检测出故障而发出信号，中性线接地故障将持续存在，此时 IT 系统将按 TT 系统运行。

中性线发生接地故障后 IT 系统按 TT 系统运行的方式如图 5-2-15 所示。

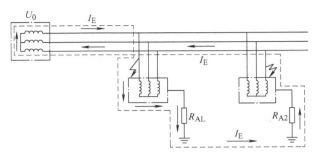

图 5-2-13　系统内外露导电部分用各自的接地极接地

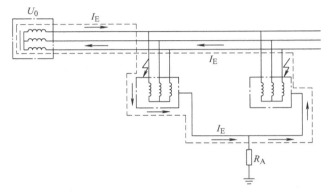

图 5-2-14　系统内外露导电部分用共同的接地极接地

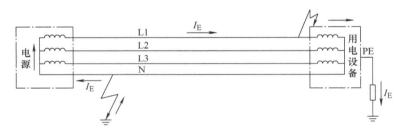

图 5-2-15　中性线发生接地故障后 IT 系统按 TT 系统运行

（六）剩余电流动作保护装置动作性能的技术参数

剩余电流动作保护装置动作性能的技术参数是剩余电流动作保护装置最基本的技术参数，包括额定剩余动作电流、额定剩余不动作电流和分断时间等。

1. 额定剩余动作电流（$I_{\Delta n}$）

额定剩余动作电流是指在规定的条件下，剩余电流动作保护装置必须动作的电流值。它反映了剩余电流动作保护装置的灵敏度，简称额定动作电流。

我国标准规定的额定剩余动作电流值为 6mA、10mA、（15mA）、30mA、（50mA）、（75mA）、100mA、（200mA）、300mA、500mA、1000mA、3000mA、5000mA、10000mA、20000mA 共 15 个等级（带括号的值不推荐优先采用）。其中，30mA 及其以下者属高灵敏度，主要用于防止各种人身触电事故；30mA 以上至 100mA 者属中灵敏度，用于防止触电事故和漏电火灾；1000mA 以上者属低灵敏度，用于防止漏电火灾和监视一相接地事故。

2. 额定剩余不动作电流（$I_{\Delta n0}$）

额定剩余不动作电流是指在规定的条件下，剩余电流动作保护装置必须不动作的电流值。为了防止误动作，剩余电流动作保护装置的额定剩余不动作电流不得低于额定剩余动作电流的1/2。

3. 分断时间

分断时间是指从突然施加剩余动作电流开始到被保护电路完全被切断为止的全部时间。为适应人身触电保护和分级保护的需要，剩余电流动作保护装置有快速型、延时型和反时限型三种。快速型适用于单级保护，直接接触电击防护时必须选用快速型的剩余保护装置。延时型剩余电流动作保护装置人为地设置了延时，主要用于分级保护的首端。反时限型剩余电流动作保护装置是配合人体安全电流-时间曲线而设计的，其特点是剩余电流越大，则对应的分断时间越小，呈现反时限动作特性。

快速型剩余电流动作保护装置分断时间与动作电流的乘积不应超过30mA·s。

我国标准规定剩余电流动作保护装置的分断时间见表5-2-3，表中额定电流≥40A的一栏适用于组合型剩余电流动作保护装置。

表 5-2-3 剩余电流动作保护装置的分断时间

额定剩余动作电流 $I_{\Delta n}$/mA	额定电流/A	分断时间/s			
		$I_{\Delta n}$	$2I_{\Delta n}$	0.5A	$5I_{\Delta n}$
≤30	任意值	0.2	0.1	0.04	—
>30	任意值	0.2	0.1	—	0.04
	≥40	0.2	—	—	0.15

延时型剩余电流动作保护装置延时时间的优选值为0.2s、0.4s、0.8s、1s、1.5s、2s。

（七）其他技术参数

剩余电流动作保护装置的其他技术参数的额定值主要有：

1）额定频率为50Hz。

2）额定电压为220V或380V。

3）额定电流（I_n）为6A、10A、16A、20A、25A、32A、40A、50A、（60A）、63A、（80A）、100A、（125A）、160A、200A、50A（带括号值不推荐优先采用）。

（八）接通分断能力

剩余电流动作保护装置的接通分断能力应符合表5-2-4的规定。

表 5-2-4 剩余电流动作保护装置的接通分断能力

额定剩余动作电流 $I_{\Delta n}$/mA	接通分断电流/A
$I_{\Delta n}$≤10	≥300
10<$I_{\Delta n}$≤50	≥500
50<$I_{\Delta n}$≤100	≥1000
100<$I_{\Delta n}$≤150	≥1500
150<$I_{\Delta n}$≤200	≥2000
200<$I_{\Delta n}$≤250	≥300

（九）剩余电流动作保护装置的选用

选用剩余电流动作保护装置应首先根据保护对象的不同要求进行选型，既要保证在技术上有效，还应考虑经济上的合理性。不合理的选型不仅达不到保护目的，还会造成剩余电流动作保护装置的拒动作或误动作。正确合理地选用剩余电流动作保护装置，是实施剩余电流动作保护措施的关键。

1. 动作性能参数的选择

（1）防止人身触电事故

用于直接接触电击防护的剩余电流动作保护装置应选用额定动作电流为 30mA 及其以下的高灵敏度、快速型剩余电流动作保护装置。

在浴室、游泳池、隧道等场所，剩余电流动作保护装置的额定动作电流不宜超过 10mA。

在触电后可能导致二次事故的场合，应选用额定动作电流为 6mA 的快速型剩余电流动作保护装置。

剩余电流动作保护装置用于间接接触电击防护时，着眼点在于通过自动切断电源，消除电气设备发生绝缘损坏时因其外露可导电部分持续带有危险电压而产生触电的危险。例如，对于固定式的电机设备、室外架空线路等，应选用额定动作电流为 30mA 及其以上的剩余电流动作保护装置。

（2）防止火灾

对木质灰浆结构的一般住宅和规模小的建筑物，考虑其供电量小、泄漏电流小的特点，并兼顾电击防护，可选用额定动作电流为 30mA 及其以下的剩余电流动作保护装置。

对除住宅以外的中等规模的建筑物，分支回路可选用额定动作电流为 200mA 及其以下的剩余电流动作保护装置。

主干线可选用额定动作电流为 200mA 以下的剩余电流动作保护装置。

对钢筋混凝土类建筑，内装材料为木质时，可选用 200mA 以下的剩余电流动作保护装置；内装材料为不燃物时，应区分不同情况，可选用 200mA 到数安的剩余电流动作保护装置。

（3）防止电气设备烧毁

由于作为额定动作电流选择的上限，选择数安的电流一般不会造成电气设备的烧毁，因此，防止电气设备烧毁所考虑的主要是防止触电事故和满足电网供电可靠性。通常选用 100mA 到数安的剩余电流动作保护装置。

2. 其他性能的选择

对于连接户外架空线路的电气设备，应选用冲击电压不动作型剩余电流动作保护装置。

对于不允许停转的电动机，应选用剩余电流动作报警方式而不是剩余电流动作切断方式的剩余电流动作保护装置。

对于照明线路，宜根据剩余电流的大小和分布，采用分级保护的方式。支线上用高灵敏度的剩余电流动作保护装置，干线上选用中灵敏度的剩余电流动作保护装置。

剩余电流动作保护装置的极线数应根据被保护电气设备的供电方式选择，单相 220V 电源供电的电气设备应选用二极或单极二线式剩余电流动作保护装置；三相三线 380V 电源供电的电气设备应选用三极式剩余电流动作保护装置；三相四线 220V/380V 电源供电的电气设备应选用四极或三极四线式剩余电流动作保护装置。

剩余电流动作保护装置的额定电压、额定电流、分断能力等性能指标应与线路条件相适应。剩余电流动作保护装置的类型应与供电线路、供电方式、系统接地类型和用电设备特征相适应。

（十）剩余电流动作保护装置的安装

1）需要安装剩余电流动作保护装置的场所：金属外壳的 I 类设备和手持式电动工具，安装在潮湿或强腐蚀等恶劣场所的电气设备，建筑施工工地的电气施工机械设备，临时性电气设备，宾馆类的客房内的插座，触电危险性较大的民用建筑物内的插座，游泳池、喷水池或浴室类场所的水中照明设备，安装在水中的供电线路和电气设备，以及医院中直接接触人体的电气医疗设备（胸腔手术室除外）等。

对于公共场所的通道照明及应急照明电源、消防用电梯及确保公共场所安全的电气设备的电源、消防设备（如火灾报警装置、消防水泵、消防通道照明等）的电源、防盗报警装置的电源、以及其他不允许突然停电的场所或电气装置的电源，若在发生漏电时上述电源被立即切断，将会造成严重事故或重大经济损失，因此，应装设不切断电源的剩余电流动作报警装置。

2）不需要安装剩余电流动作保护装置的设备或场所：使用安全电压供电的电气设备，一般环境情况下使用的具有双重绝缘或加强绝缘的电气设备，使用隔离变压器供电的电气设备，在采用了不接地的局部等电位联结安全措施的场所中适用的电气设备以及其他没有间接接触电击危险场所的电气设备。

3）剩余电流动作保护装置的安装要求：剩余电流动作保护装置的安装应符合生产厂家产品说明书的要求，应考虑供电线路、供电方式、系统接地类型和用电设备特征等因素。剩余电流动作保护装置的额定电压、额定电流、额定分断能力、极数、环境条件以及额定动作电流和分断时间，在满足被保护供电线路和设备的运行要求时，还必须满足安全要求。

安装剩余电流动作保护装置之前，应检查电气线路和电气设备的泄漏电流值和绝缘电阻值。所选用剩余电流动作保护装置的额定剩余不动作电流应不小于电气线路和设备正常泄漏电流最大值的 2 倍。当电气线路或设备的泄漏电流大于允许值时，必须更换绝缘良好的电气线路或设备。

安装剩余电流动作保护装置不得拆除或放弃原有的安全防护措施，剩余电流动作保护装置只能作为电气安全防护系统中的附加保护措施。

剩余电流动作保护装置标有电源侧和负载侧，安装时必须加以区别，按照规定接线，不得接反。如果接反，会导致电子式剩余电流动作保护装置的脱扣线圈无法随电源切断而断电，以致长时间通电而烧毁。

安装剩余电流动作保护装置时，必须严格区分中性线和保护线。使用三极四线式和四极四线式剩余电流动作保护装置时，中性线应接入剩余电流动作保护装置。经过剩余电流动作保护装置的中性线不得作为保护线、不得重复接地或连接设备外露可导电部分。

保护线不得接入剩余电流动作保护装置。

剩余电流动作保护装置安装完毕后操作实验按钮实验 3 次，带负载分合 3 次，确认动作正常后，才能投入使用。

剩余电流动作保护装置接线方式可见表 5-2-5。需注意：

1）在不同的接线方式中，左侧设备未装有剩余电流动作保护装置，中间和右侧装有剩余电流动作保护装置。

2）在 TN 系统中使用剩余电流动作保护装置的电气设备，其外露可导电部分的保护线可接在 PEN 线，也可以接在单独接地装置上，如 TN 系统接线方式中右侧设备的接线。

表 5-2-5　剩余电流动作保护装置接线方式

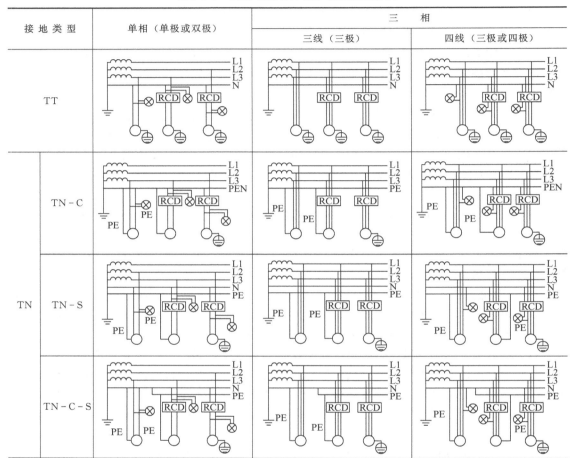

注：L1、L2、L3 为相线；N 为中性线；PE 为保护线；PEN 为中性线和保护线合一；⌇⌇⌇ 为单相或三相电气设备；⊗ 为单相照明设备；[RCD] 为剩余电流动作断路器；⏚ 为不与系统中接地点相连的单独接地装置，作保护接地用。

（十一）剩余电流动作保护装置的运行

1. 剩余电流动作保护装置的运行管理

为了确保剩余电流动作保护装置的正常运行，必须加强运行管理。

1）对使用中的剩余电流动作保护装置应定期用实验按钮实验其可靠性。

2）为检验剩余电流动作保护装置使用中动作特性的变化，应定期对其动作特性（包括剩余动作电流值、剩余不动作电流值及动作时间）进行实验。

3）运行中剩余电流动作保护装置跳闸后，应认真检查其动作原因，排除故障后再合闸送电。

2. 剩余电流动作保护装置的误动作和拒动作分析

（1）误动作

误动作是指线路或设备未发生预期的触电或漏电时剩余电流动作保护装置产生的动作。误动作的原因主要来自两方面：一方面是由剩余电流动作保护装置本身的原因引起；另一方面是由来自线路的原因引起。

由剩余电流动作保护装置本身引起误动作的主要原因是质量问题。如装置在设计上存在缺陷，选用元件质量不良，装配质量差，屏蔽不良等，均会降低保护装置的稳定性和平衡性，使可靠性下降，从而导致误动作。

由线路引起误动作的原因主要有：

① 接线错误。例如，保护装置后方的零线与其他零线连接或接地，或保护装置后方的相线与其他支路的同相相线连接，或将负载跨接在保护装置电源侧和负载侧等。

② 绝缘恶化。保护装置后方一相或两相对地绝缘破坏或对地绝缘不对称降低，都将产生不平衡的泄漏电流，从而引发误动作。

③ 冲击过电压。冲击过电压产生较大的不平衡冲击泄漏电流，从而导致误动作。

④ 不同步合闸。不同步合闸时，先与其他相合闸的一相可能产生足够大的泄漏电流，从而引起误动作。

⑤ 大型设备起动。剩余电流动作保护装置的零序电流互感器平衡特性差时，在大型设备的大起动电流作用下，零序电流互感器一次绕组的漏磁可能引发误动作。

此外，偏离使用条件，制造安装质量低劣，抗干扰性能差等都可能引起误动作的发生。

（2）拒动作

拒动作是指线路或设备已发生预期的触电或漏电而剩余电流动作保护装置却不产生预期的动作。拒动作较误动作少见，然而其带来的危险不容忽视。造成拒动作的原因主要有：

1）接线错误。错将保护线也接入剩余电流动作保护装置，从而导致拒动作。

2）动作电流选择不当。额定剩余动作电流选择过大或整定过大，从而造成拒动作。

3）线路绝缘阻抗降低或线路太长。由于部分电击电流经绝缘阻抗再次流经零序电流互感器返回电源，从而导致拒动作。

此外，零序电流互感器二次绕组断线，脱扣元件粘连等各种各样的剩余电流动作保护装置内部故障、缺陷均可造成拒动作。

【巩固与提高】

1. 对 20/5t 起重机电气控制电路进行查询，并分析其工作原理。

2. 将设计的电梯电气原理图改为采用 PLC 控制，并说明，也可将设计部分进行扩展并做成实物模型。

附录 常用电气符号及电气原理图表达

序 号	图形符号	说 明
1		开关（机械式）
2		多极开关一般符号（单线表示）
3		多极开关一般符号（多线表示）
4		接触器主动合（常开）触点
5		接触器主动断（常闭）触点
6		负荷隔离开关
7		具有自动释放功能的负荷隔离开关
8		熔断器式断路器
9		断路器
10		隔离开关
11		熔断器
12		跌落式熔断器
13		熔断器开关
14		熔断器式隔离开关
15		熔断器负荷开关组合电器

（续）

序　号	图形符号	说　明
16		延时闭合的动合触点
17		延时断开的动合触点
18		延时闭合的动断触点
19		延时断开的动断触点
20		延时动合触点
21		自动复位的手动按钮
22		无自动复位的手动旋转开关
23		位置开关，动合触点
24		位置开关，动断触点
25		热敏开关，动合触点 注：θ 可用动作温度代替
26		热敏开关，动断触点 注：注意区别此触点和热继电器的触点
27		具有热元件的气体放电管或荧光灯启动器
28		动合（常开）触点 注：本符号也可用作开关一般符号
29		动断（常闭）触点
30		先断后合的转换触点

（续）

序　号	图 形 符 号	说　　明
31		当操作器件被吸合或释放时，暂时闭合的过渡动合触点
32		座（内孔）或插座的一个极
33		插头（凸头）或插头的一个极
34		插头和插座（凸头的和内孔的）
35		接通的连接片
36		断开的连接片
37		双绕组变压器
38		三绕组变压器
39		自耦变压器
40		电抗器，一般符号或扼流圈
41		电流互感器 脉冲变压器
42		具有两个铁心和两个二次绕组的电流互感器
43		在一个铁心上具有两个二次绕组的电流互感器
44		具有有载分接开关的三相三绕组变压器，有中性点引出线的星形-三角形联结

（续）

序　号	图形符号	说　明
45		三相三绕组变压器。两个绕组为星形联结，有中性点引出线，且中性点接地，第三绕组为开口三角形联结
46		三相变压器 星形-三角形联结
47		具有分接开关的三相变压器 星形-三角形联结
48		三相变压器 星形-曲折形联结
49		操作器件一般符号
50		具有两个绕组的操作器件组合表示法
51		热继电器的驱动器件
52		气体继电器
53		自动重闭合器件
54		电阻器一般符号
55		可变电阻器 可调电阻器
56		带滑动触点的电阻器
57		带滑动触点和预调的电位器
58		电容器一般符号
59		可变电容器 可调电容器

（续）

序　号	图形符号	说　明
60		双联同调可变电容器
61	★	指示仪表（星号必须按规定予以代表）
62	V	电压表
63	A	电流表
64	A/sinφ	无功电流表
65	W P_{max}	最大需量指示器
66	var	无功功率表
67	cosφ	功率因数表
68	Hz	频率计
69	Θ	温度计、高温计（Θ可由 t 代替）
70	n	转速表
71	★	积算仪表、电度表（星号必须按规定予以代替）
72	Ah	安培小时计
73	Wh	电度表（瓦时计）
74	varh	无功电度表
75	Wh	带发送器电度表

（续）

序　号	图形符号	说　明
76	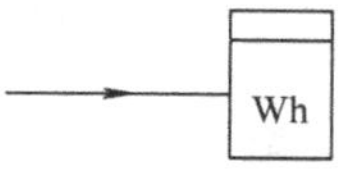 Wh	从动电度表（转发器）
77	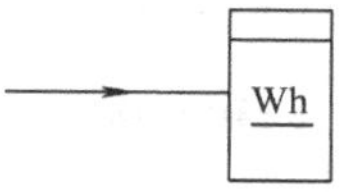 Wh	从动电度表（转发器）带有打印器件
78	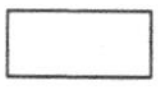	屏、盘、架一般符号 注：可用文字符号或型号表示设备名称
79		列架一般符号
80	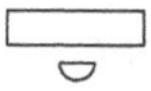	人工交换台、中断台、测量台、业务台等一般符号
81	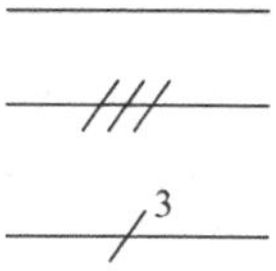 /// ／3	导线、导线组、电线、电缆、电路、传输通路（如微波技术）、线路、母线（总线）一般符号
82	＝110V 2×120mm² Al	示例：直流电路，110V，两根铝导线，导线截面积为120mm²
83	3N～50Hz 380V 3×120mm²+1×50mm²	示例：三相交流电路，50Hz，380V，三根导线截面积均为120mm²，中性线截面积为50mm²
84		软连接
85	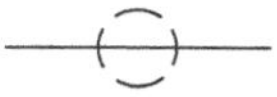	屏蔽导体
86	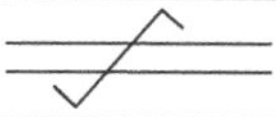	绞合连接（图示为两股）
87	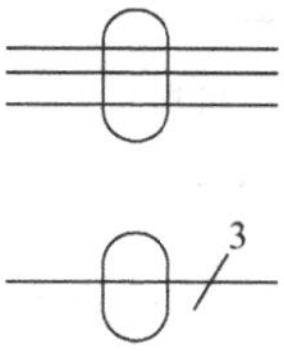 ／3	电缆中的导线（图示为三股） 注：若几根导线组成一根电缆（或绞合在一起或在一个屏蔽内），但在图上代表它们的线条彼此又不接近，采用第2种形式表示
88	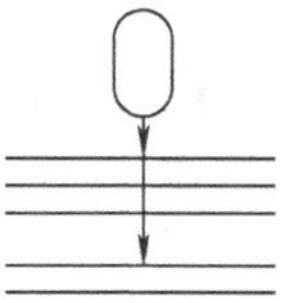	示例：五根导线中箭头所指的两根导线在一根电缆中

（续）

序　　号	图 形 符 号	说　　明
89	示例：	同轴对、同轴电缆 注：若只部分是同轴结构，切线仅画在同轴的 这一边 示例：同轴对连接到端子
90		屏蔽同轴电缆、屏蔽同轴对
91		未连接的导线或电缆的终端
92		未连接并有专门绝缘的导线或电缆的终端
93	●	连接点或连接
94	○	端子 注：必要时圆圈可画成圆黑点
95	11 12 13 14 15 16	端子板（示出带线端标记的端子板）
96		T 形连接
97	示例1： 示例2：	导线的双 T 连接 示例1：导线的交叉连接（点）单线表示法 示例2：导线的交叉连接（点）多线表示法
98		可拆卸的端子
99		导线或电缆的分支和合并
100	示例1： 示例2：	导线的不连接（跨越） 示例1：单线表示法 示例2：多线表示法

（续）

序　号	图形符号	说　明
101	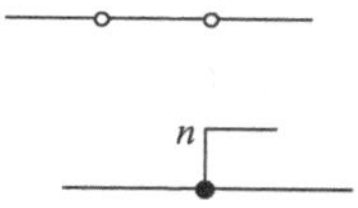	导线直接连接、导线接头
102	示例： 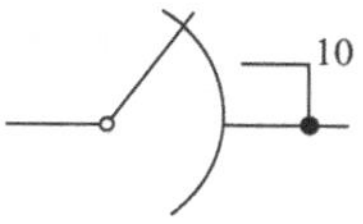	一组相似连接件的公共连接 注：相似连接件的总数注在公共连接符号附近 示例：复接的单行行程选择器（表示 10 个触点）
103	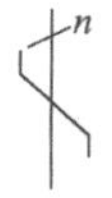 示例： 	导线的交换（换位）：相序的变更或极性的反向（示出用单线表示 n 根导线） 示例：示出相序的变更
104	 示例： 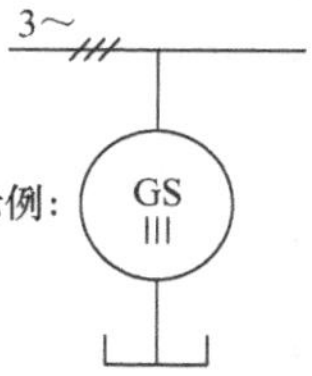	多相系统的中性点（示出用单线表示） 示例：每相两端引出，示出外部中性点的三相同步发电机
105	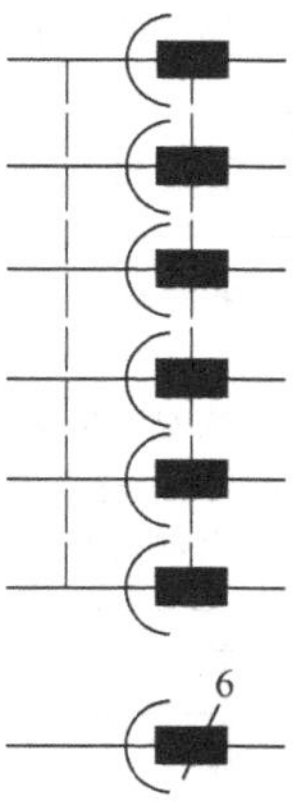	多极插头插座（图示为带六个极）
106	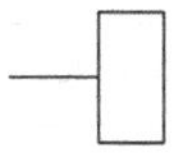	连接器的固定部分 注：仅当需要区别连接器的固定部分与可动部分时才采用此符号

（续）

序　号	图形符号	说　明
107		配套连接器（插头一边固定而插座一边可动）
108		控制及信号线路（电力及照明用）
109		原电池或蓄电池组
110		带抽头的原电池或蓄电池组
111		接地一般符号
112		接机壳或接地板
113		无噪声接地
114		保护接地
115		等电位
116		电缆终端头
117		电力电缆直通接线盒
118		电力电缆连接盒 电力电缆分线盒
119		控制和指示设备
120		报警启动装置（点式：手动或自动）
121		线型探测器
122		火灾报警装置
123		热
124		烟
125		易爆气体
126		手动起动

参 考 文 献

[1] 周厚斌. 低压电器控制 [M]. 北京：高等教育出版社，2008.

[2] 许翏，王淑英. 电气控制与 PLC 应用 [M]. 4 版. 北京：机械工业出版社，2012.

[3] 李俊秀. 电气控制与 PLC 应用技术 [M]. 北京：化学工业出版社，2010.

[4] 赵承荻，李乃夫. 维修电工实训与考级 [M]. 北京：高等教育出版社，2010.

[5] 殷培峰. 电气控制与机床电路检修技术 [M]. 北京：化学工业出版社，2012.

[6] 李英姿. 低压电器应用技术 [M]. 北京：机械工业出版社，2009.

[7] 张桂金. 电气控制线路故障分析与处理 [M]. 西安：西安电子科技大学出版社，2009.

[8] 刘祖其. 电气控制与可编程序控制器应用技术 [M]. 2 版. 北京：机械工业出版社，2015.

[9] 王照清. 维修电工（四级）[M]. 2 版. 北京：中国劳动社会保障出版社，2013.